R²
R²

LIAOBUQI DE SHUXUE SIWEI

了不起的数学思维（中国篇）

刘映◎著　李楠◎绘

北京日报出版社

图书在版编目（CIP）数据

了不起的数学思维．中国篇 / 刘映著 ； 李楠绘．--北京 ： 北京日报出版社，2023.3
ISBN 978-7-5477-4313-3

Ⅰ．①了… Ⅱ．①刘… ②李… Ⅲ．①数学—儿童读物 Ⅳ．①01-49

中国版本图书馆CIP数据核字(2022)第078567号

了不起的数学思维．中国篇

出版发行：北京日报出版社
地　　址：北京市东城区东单三条8-16号东方广场东配楼四层
邮　　编：100005
电　　话：发行部：（010）65255876
　　　　　总编室：（010）65252135
责任编辑：史琴
印　　刷：天津创先河普业印刷有限公司
经　　销：各地新华书店
版　　次：2023年3月第1版
　　　　　2023年3月第1次印刷
开　　本：889毫米×1194毫米　1/16
印　　张：8
字　　数：100千字
定　　价：98.00元

序言

我们的祖先，早在 3000 多年前就已经掌握了相当丰富的数学知识。他们在辛勤劳动中，克服了无数困难，在世界数学史上书写了光辉的一页。中国数学到明代前一直是独立发展的，它不但绝少受到外来文化的影响，而且有许多数学观念还传播到国外，成为世界数学的先驱。

为了使孩子们进一步了解我国在数学上取得的辉煌成就，我们编写了这本《了不起的数学思维》（中国篇），其中包含了几何故事、算术故事和代数故事三大部分，希望孩子们通过阅读本书，继承祖先的优良传统，刻苦钻研，努力创造，为社会主义建设事业作出更大的贡献。

由于本书的读者对象定位为 9~15 岁的中小学生，所以内容力求浅显通俗，避免高深的理论说明。另外，为了不让小读者们感到烦琐乏味，考据都从简，各种参考文献也不一一列举。

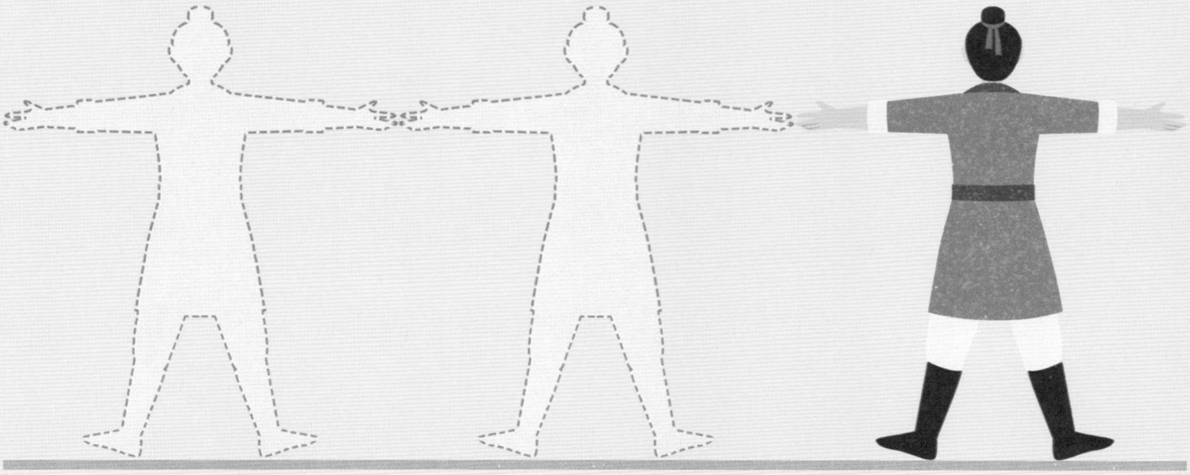

作者的话

我家里珍藏着一本发黄的书，封面早已破损，那是20世纪80年代我母亲给我买的数学习题集。这本习题集很特别，每个题目都是先讲一个故事，再提出数学问题，饶是有趣。后来，我在博士阶段有幸研究了故事教育，才明白了故事与教育之间深厚的关系，才了解了那本习题集作者的良苦用心。

穆里尔·鲁凯泽说："这个世界是由故事而不是原子组成的。"这种颇具诗意的论述是想告诉我们，理解、构建自己的知识世界、意识世界，故事是最基本的"原材料"。我们要建立自己的"数学世界"，又何尝不是如此呢？数学原本就是基于人们在实际生活中遇到各种事件解决问题的需要而产生，从观察太阳计算时间、测量土地分配农田到商品交易计算价格，数学世界就从生活世界中孕育产生，又帮助人们更好地生活。因此，学习数学的一个基本的方法就是回到数学知识产生的生活世界、历史事件中，让抽象的数学具体起来，丰富起来。

这种将数学回到具体生活、历史事件中的方法，目的是培养孩子们的数学核心素养。学习数学，不仅是学习数学知识，学会解题，更重要的是构建数学体系，可以用数学的思维方法思考问题，形成持久性的数学核心素养。数学素养是现代社会每一个公民应该具备的基本素养。数学教育承载着落实立德树人的根本任务，实施素质教育的功能。单靠"刷题"是很难培养出优良的数学核心素养的。

古代数学故事，是培养孩子们数学核心素养的非常合适的教育资源。中国古代数学故事，细细数来，也有不同的类型：数学史的故事、数学家的故事、数学知识的故事。通过数学史的故事，可以了解数学在中国古代是如何起源的、如何发展的；通过数学家的故事，可以了解数学家面对难题是如何思考、如何克服困难、如何解决的；通过数学知识的故事，可以了解某个具体的数学概念或者数学方法是在何种情境下、何种现实的需要下产生的。

本书是根据许莼舫的著作进行选编的中国古代数学故事，涉及的数学知识和数学思维，大部分在中小学生所应涉猎的范围内，蕴含着数学知识、数学能力和数学情感的三维价值。孩子们通过阅读数学故事，回到数学发生的原初现场，亲眼见证数学知识是如何产生的，又是如何解决实际问题的，既学习了数学知识，又提高了数学能力，还亲近了数学，也容易对数学产生喜爱之情，爱上数学。

更为可贵的是，《了不起的数学思维》（中国篇）在帮助孩子们培养数学核心素养的同时，增强民族自豪感。中国不仅是文化艺术兴盛的泱泱大国，同样是数学智慧代代相传的悠久古国。在走向中华民族伟大复兴的今天，科学技术是第一生产力，数学的重要性不言而喻。培养更多对数学感兴趣的青少年是发展的需要，也是本书作者和编辑们的心愿，谨以此书献给中国的孩子们。

目录

中国古代数学故事 几何故事

中国古代数学故事 算术故事

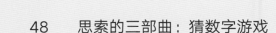

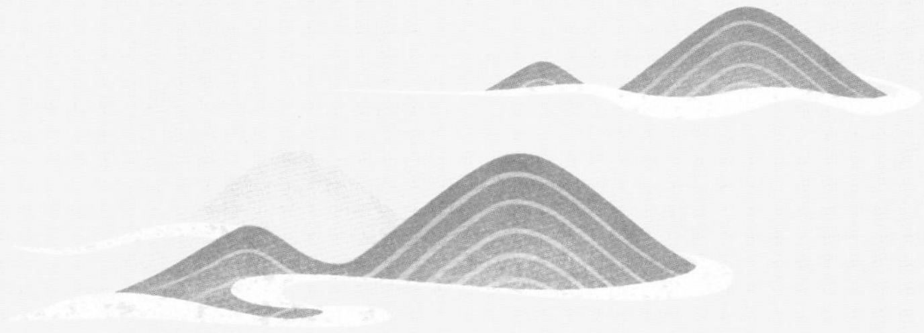

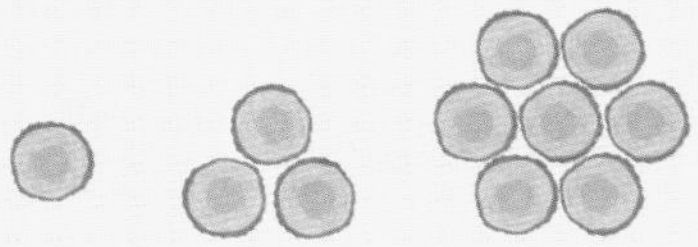

中国古代数学故事
代数故事

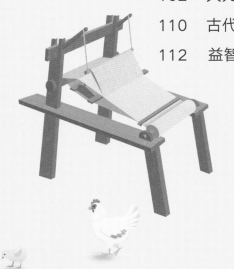

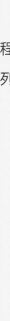

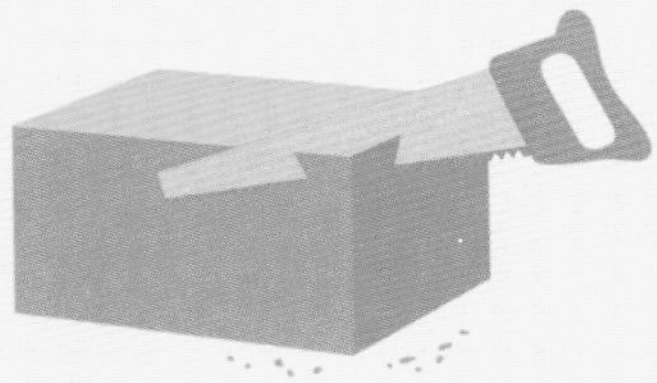

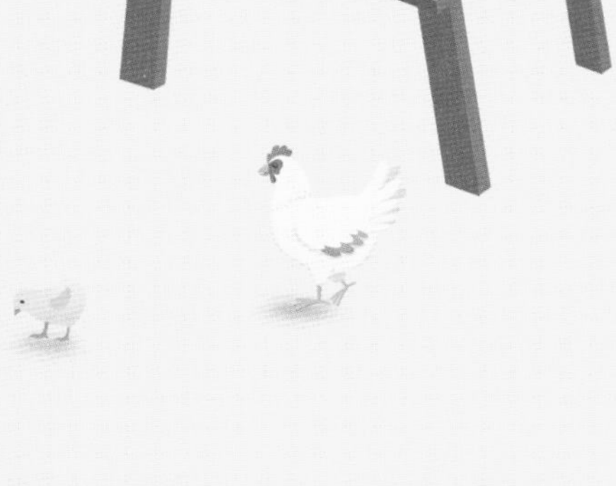

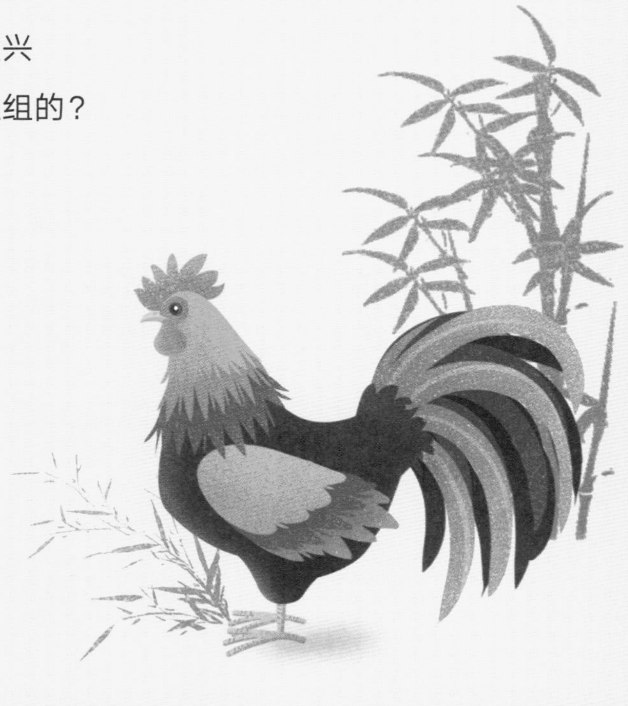

中国古代数学的起源和发展

先秦典籍中有“结绳记事”“刻木记事”“隶首作数”的记载，说明人们从辨别事物的多少中逐渐认识了“数”，并创造了记数的符号。

战国时期，各诸侯国相继完成了向封建制度的过渡，思想界、学术界诸子林立，百家争鸣，为数学和科学技术的发展创造了良好的条件。

战国

春秋

人们在从野蛮走向文明的漫长历程中，逐渐认识了数与形的概念。新石器时期出土的陶器大多为圆形或其他规则形状，陶器上有各种几何图案，都是几何知识的萌芽。

春秋末年，人们掌握了完备的十进制记数法，普遍使用算筹这样的先进计算工具，并谙熟九九乘法表。

春秋前中国数学的萌芽

战国至两汉
中国数学框架的确立

尽管没有一部先秦的数学著作流传到后代，但是人们通过田地及国土面积的测量、粟米的交换、城池的修建、赋税的合理负担等生产生活实践积累了大量的数学知识。

到西汉时期，政府与民生息，社会生产力得到恢复和发展，给数学和科学技术的发展带来了新活力。西汉在九数的基础上，又发展出勾股、重差两类数学方法。

隋唐是中国封建社会经济、政治、文化的强盛时期之一，统治者在国子监设算学馆，请算学博士、助教指导学生学习，著名的“算经十书”（十部书的统称）就是算学馆的教材。

据东汉初郑众记载，当时的数学知识分成了方田、粟米、差分、少广、商功、均输、方程、赢不足、旁要9个部分，称为“九数”，确立了《九章算术》的基本框架。

魏晋至唐初
中国数学理论体系的建立

两汉

魏晋

唐初

经过两汉社会经济和科学技术的发展，到魏晋时期，中国封建社会进入一个新的阶段。数学家重视理论研究，力图把先秦到两汉积累起来的数学知识建立在必然的、可靠的基础之上。刘徽便是这个时期最伟大的数学家，他的《九章算术注》也是这个时期造就的最杰出的数学著作。

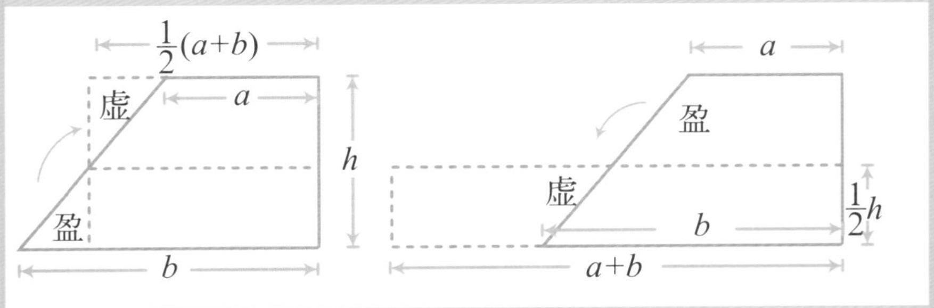

刘徽在《九章算术注》中，用“出入相补”原理论证了直角梯形的面积公式。

唐中叶至宋元
中国数学的高潮

唐中叶之后，中国封建社会进入一个新的阶段，土地所有制以国有为主变为私有为主，农业、手工业、商业和科学技术得到更大发展。该时期四大发明之一的印刷术（雕版印刷术于唐朝中后期普遍使用）为数学知识的传播和普及作出了重大贡献。

李治（原名李治）是北方中心的代表，主要研究高次方程的天元术及其解法。秦九韶和杨辉是南方中心的代表，主要研究高次方程数值解法、同余式解法以及改进乘除捷算法。元统一中国后，朱世杰综合了南、北数学中心的数学成就，达到中国筹算的最高水平。

朱世杰有两部重要著作:《算学启蒙》和《四元玉鉴》，其中《四元玉鉴》是中国古代水平最高的数学著作。

唐中叶

宋

宋秘书省于1084年首次刊刻了《九章算术》等十部算经，这是世界上首次出现的印刷本数学著作。

到宋元时期，随着商业贸易的蓬勃发展，宋元数学达到了高潮，也是中国历史上留下重要数学著作最多的时期，并形成了南宋统治下的长江中下游与金元统治下的太行山两侧两个数学中心。

明清数学
从衰落到艰难的复兴

明朝的时候以八股取士招揽人才，学者们很少会留意数学。直到后来筹算捷算法完备，产生了珠算术。为了适应商业发展，明朝的程大位还编著了《算法统宗》，数学得到了一定的发展。

元中叶，杨辉、朱世杰等人将筹算乘除捷算法进行了改进和总结，元末明初珠算得到普及并逐步取代算筹成为中国的主要计算工具，完成了我国计算工具和计算技术的改革。

元　明　清　现代

汉唐宋元的数学著作在明朝的时候大多散佚，元中叶之后，中国的数学迅速衰落，元朝末期的数学著作也只是对乘除捷算法进行了改进，直到清朝中叶修《四库全书》，一些中国古代的数学著作才得以重新面世。

1840 年，西方列强用大炮轰开了清政府闭关自守的大门，中国沦为半殖民地半封建社会，西方数学大规模传入中国。数学家李善兰融会中西，他的著作汇集为《则古昔斋算学》，李善兰成为开展现代数学研究的第一位中国数学家。

20 世纪是中国数学复兴的世纪，人们期待在 21 世纪，中国将重新取得数学大国的地位。

中国古代数学故事

几何故事

我们的祖先在很早的时候就掌握了许多几何知识。
勾股定理、相似形比例、圆周率求法、各种面积和体积的计算，
以及三角学的创造等，
都是中国古代几何学的伟大成就。

几何知识的萌芽

1 中国人民对于图形的认识，起源是很早的。在距今 2000 多年前的新石器时代晚期，人们结束了游牧生活，在平原上定居，从事农业生产。就在这个时候，人们开始从生产劳动中认识简单的几何图形，有了几何知识的萌芽。

2 中华人民共和国成立以后，我国的考古学家和基本建设工作人员等，从地下挖掘到了许多新石器时代晚期的陶器，上面画着各式各样的几何图案。

1953 年，考古学家在安徽灵璧和浙江嘉兴发现的新石器时代遗址上，挖掘出了不少碎陶片，上面就有方格、米字、回字、椒眼和席纹等几何图案。

稍晚一些，陕西宝鸡出土的陶器上有三角形、正方形、矩形和圆形等几何图案。

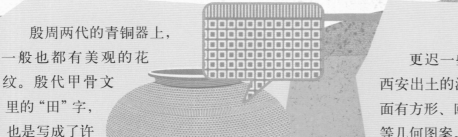

殷周两代的青铜器上，一般也都有美观的花纹。殷代甲骨文里的“田”字，也是写成了许多小方块。

更迟一些的，像陕西西安出土的汉砖，上面有方形、回字纹等几何图案。

3 观察这些陶器上几何图案的形式，你会发现它们常常表现出相似性和对称性，具有很高的匠心和意境，其中有不少图案可供今天的工艺美术家们借鉴。

古代人是如何画图的？

根据考古学家地下挖掘所获得的资料可知，古代劳动人民早就有了画图的工具。从新石器时代的石斧和石铲上所凿圆孔的精细程度来看，当时也已有了画圆形的器具。

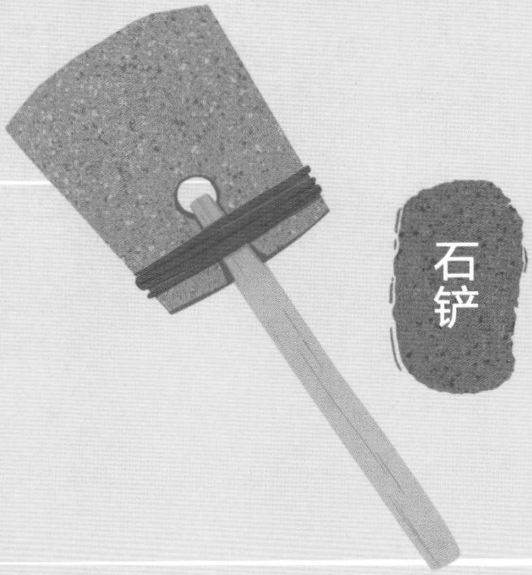

我国古代劳动人民画圆形和方形所用的是“规”和“矩”两种工具。规就是现今所称的圆规或两脚规；矩是标有刻度的折成直角的曲尺，和现今木工所用的曲尺（拐尺）或水平尺类似。

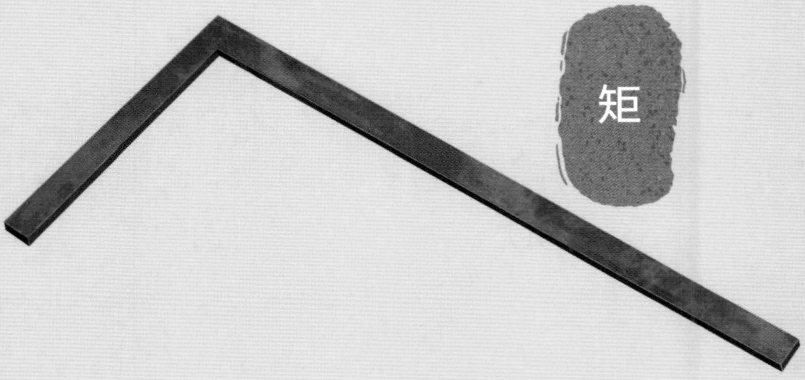

传说，汉朝人认为“规”和“矩”是伏羲创造的，因而常常在石头上雕刻“伏羲氏手执矩，女娲氏手执规”的图像。

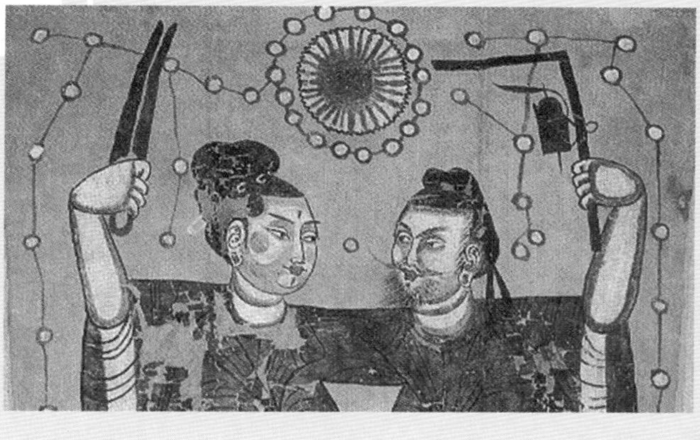

在山东嘉祥县汉朝武梁祠的石室里（见上图），新疆高昌附近古墓里掘到的柩上，山东沂县（现沂南县）发现的汉墓里的石柱上，湖南长沙出土的楚镜上，以及在新疆吐鲁番发现的绢画上（如左图），也都看到了类似的图画。

伏羲虽是一个象征性的人物，而且蛇身人面的形象带有神话色彩，但由此我们可以大概推测古代的“规”和“矩”的形状，并且也能据此推测这两种工具是在中国很早的时期就出现了。

古代人是怎样记录时间的？

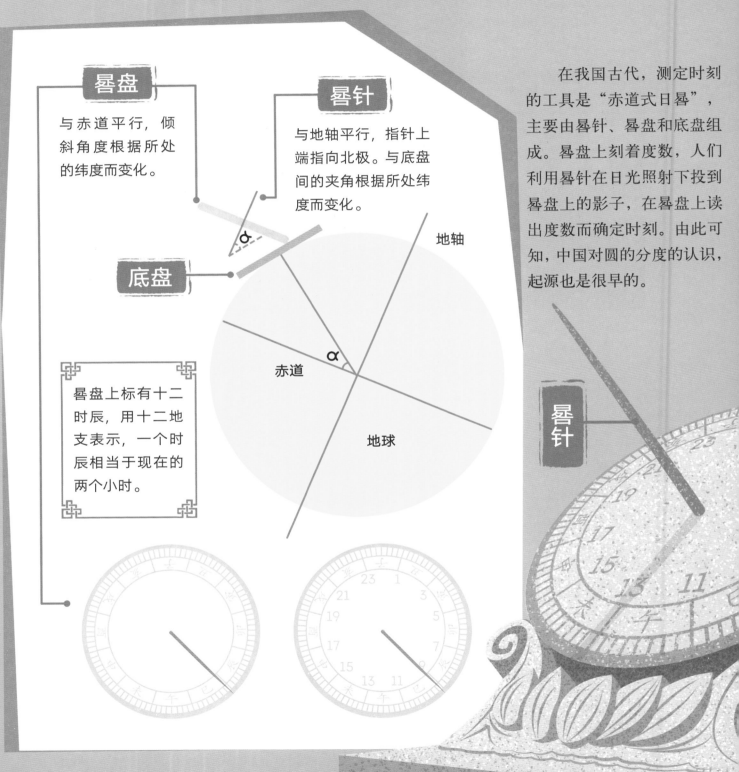

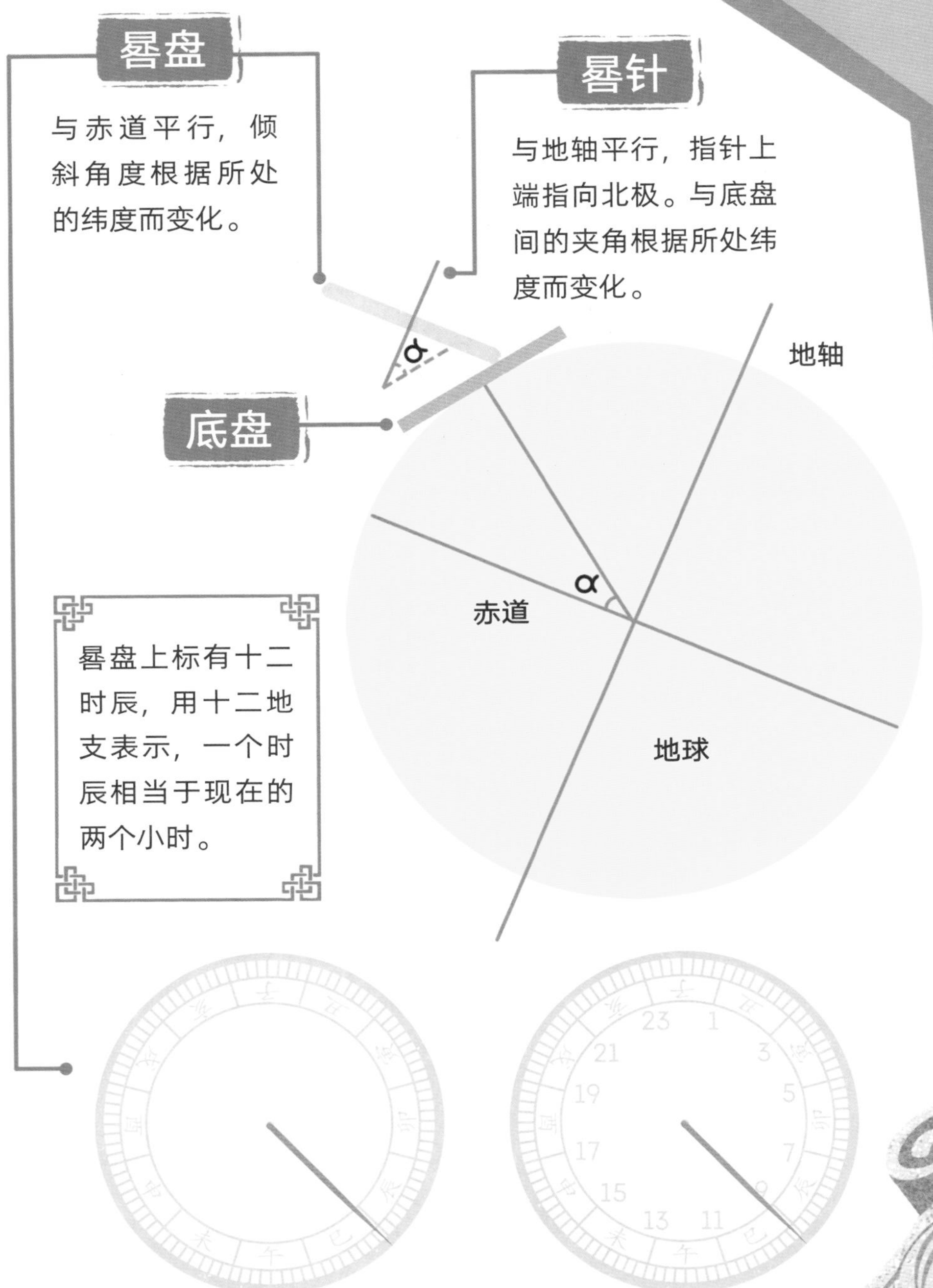

晷盘
与赤道平行，倾斜角度根据所处的纬度而变化。
晷针
与地轴平行，指针上端指向北极。与底盘间的夹角根据所处纬度而变化。
α
底盘
地轴
α
赤道
地球
晷盘上标有十二时辰，用十二地支表示，一个时辰相当于现在的两个小时。

在我国古代，测定时刻的工具是“赤道式日晷”，主要由晷针、晷盘和底盘组成。晷盘上刻着度数，人们利用晷针在日光照射下投到晷盘上的影子，在晷盘上读出度数而确定时刻。由此可知，中国对圆的分度的认识，起源也是很早的。

日晷图与现代时间对照表

地支纪时法	现代时间	地支纪时法	现代时间	地支纪时法	现代时间
子初	23 点	辰初	7 点	申初	15 点
子正	0 点	辰正	8 点	申正	16 点
丑初	1 点	巳初	9 点	酉初	17 点
丑正	2 点	巳正	10 点	酉正	18 点
寅初	3 点	午初	11 点	戌初	19 点
寅正	4 点	午正	12 点	戌正	20 点
卯初	5 点	未初	13 点	亥初	21 点
卯正	6 点	未正	14 点	亥正	22 点

【做一做】

下面的日晷图分别代表现代的什么时间呢？

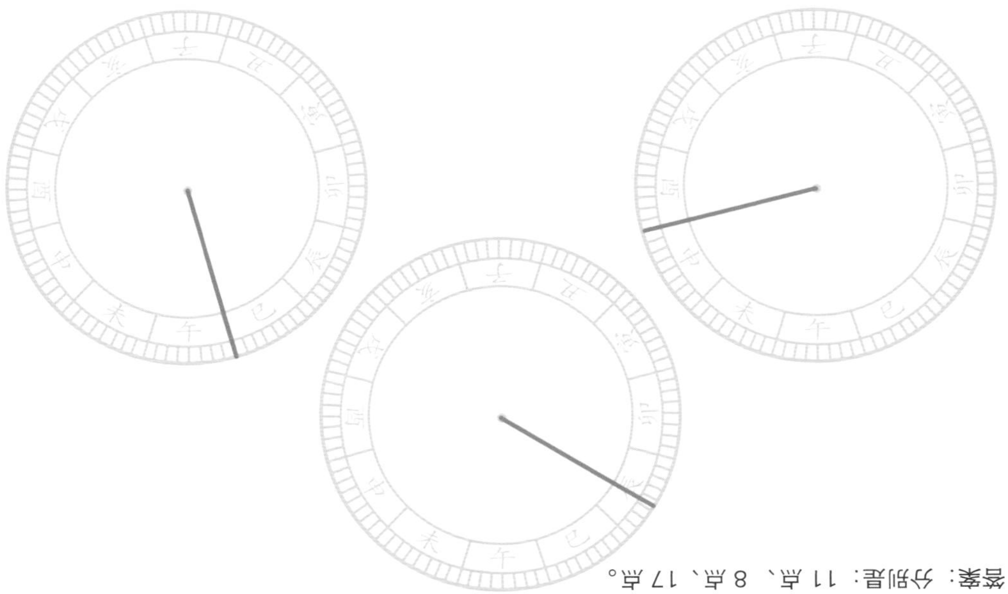

答案：分别是：11点、8点、17点。

古代人如何测量田地的面积？

以盈补虚，又称出入相补，是古代人民解决面积、体积、勾股等问题的主要方法之一。面积和体积问题主要集中在《九章算术》及刘徽的《九章算术注》中。

古时候长方形的田地叫作“方田”，《九章算术》中提出的面积公式是“广从步数相乘得积步”。“广”指东西，“从”（纵）指南北，这句话的意思就是东西的步数与南北的步数的乘积就是田地的面积。

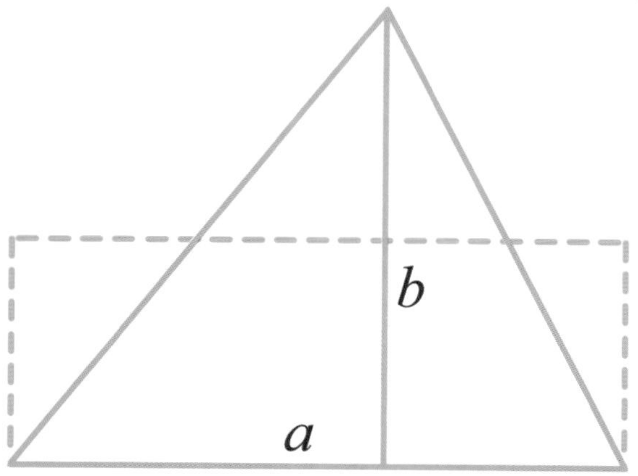

圭田之出入相补

古时候的三角形田地叫作“圭田”，《九章算术》中提出的面积公式是“半广以乘正从”，“广”就是三角形的底边 (a)，“正从”就是三角形的高 (b)，面积公式就是 $S=\frac{1}{2}ab$。刘徽采用了出入相补的方法，将三角形拼成长方形，证明了这一公式的准确性。

直角梯形，在古代被称为“邪田”，面积公式为 $S=\frac{1}{2}(a_1+a_2)h$，也可以通过将梯形拼补成长方形来证明它的面积。

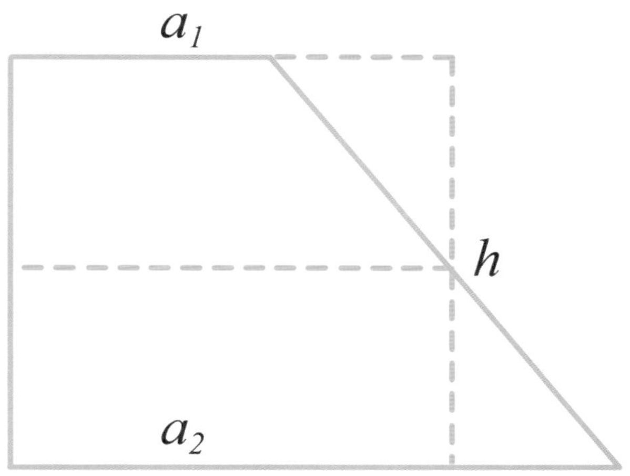

邪田之出入相补

除了直角梯形外，其他梯形叫“箕田”，可以把它分解成两个邪田，面积公式依然同上。

【做一做】

请你运用出入相补的方法，证明下面“箕田”的公式。

答案：画答案图，先将 3 个梯形分别分成 2 个直角梯形，再参考直角梯形的方法画虚线。

从勾股定理说起

“直角三角形的两条直角边的平方和，等于斜边的平方。”很多人只知道这个定理是由希腊数学家毕达哥拉斯发现的（公元前 6 世纪），因而把它称作“毕达哥拉斯定理”。

其实，我国西周初期的数学家商高，在公元前 1000 年就提出了“勾三股四弦五”的概念，早于毕达哥拉斯约 500 年，因此，我们把这个定理称作“勾股定理”。

在我国现传最早的一部数学著作《周髀算经》里，提到了商高所说的“勾三股四弦五”的重要关系：古时称直角三角形的两条直角边是勾（较短的一条）和股（较长的一条），斜边是弦。“勾三股四弦五”就是指直角三角形三条边长的比为 3∶4∶5。

我国最早是怎么证明勾股定理的？

我国最早证明勾股定理的是数学家赵爽（东汉末至三国时期人）。

如下页图所示，赵爽把其中的每一个直角三角形叫“朱实”（每一个直角三角形的面积，用“朱”表示），中间的一个小正方形叫“中黄实”（中间小正方形的面积，用“黄”表示），把以弦作边的正方形 *ABEF* 叫“弦实”（以弦为边的正方形的面积）。设勾长是 a，股长是 b，弦长是 c，那么每一个朱实的面积应是 $\frac{1}{2}ab$，而中黄实的边长是 $(b-a)$，面积是 $(b-a)^2$。赵爽的注里说明 4 个朱实加上中黄实等于弦实，转化成代数式，就是：

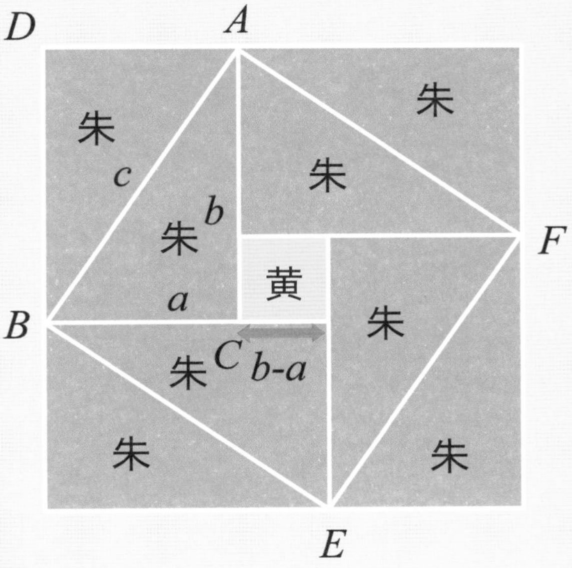

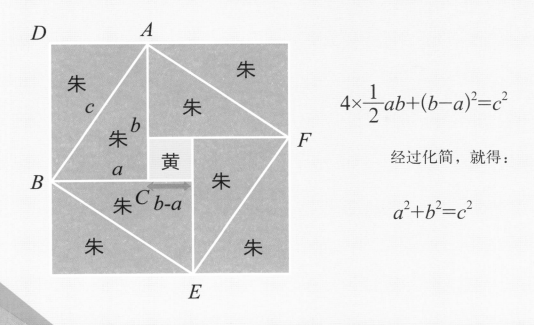

$$4\times\frac{1}{2}ab+(b-a)^2=c^2$$

经过化简，就得：

$$a^2+b^2=c^2$$

上图就是有名的“弦图”，或称“赵爽弦图”，2002 年北京国际数学家大会的会徽就是用“赵爽弦图”设计的。

在古代各种数学著作中，应用这一条定理的很多，但是它的证明却很少被人提到。直到清朝时，西方的证明法传入中国，才有梅文鼎、李锐、项名达、华蘅芳等在这些西方证明法之外，另创了多种证明法，尤其是华蘅芳《行素轩算稿 · 算草丛存 · 四》的“青朱出入图”（见本书第 24 页－25 页），最为巧妙。“青朱出入”的意思，大概就是根据刘徽的证明法而说的。

【做一做】

引葭赴岸

有一个长和宽都为 12 米的方形水池，截面图如右图所示。水池正中央长了一根长 10 米的芦苇，拉着芦苇的最上端，正好可以到达岸边的水面。请问，水池里的水有多深？（忽略芦苇的粗细）

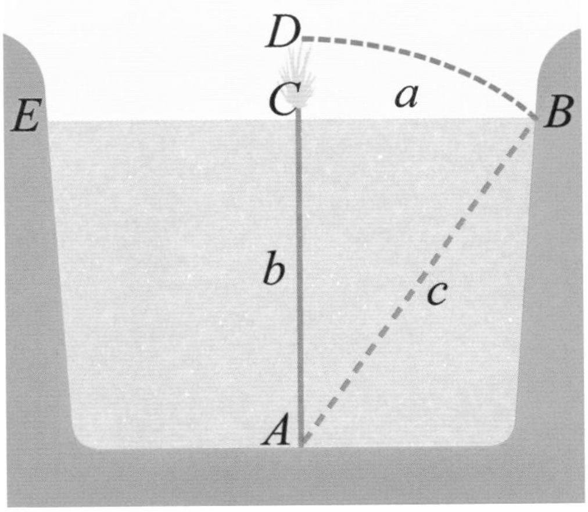

答案：8 米。

清代数学家勾股定理证明法

现在，我们将清代数学家梅文鼎、李锐、项名达、华蘅芳等证明勾股定理的方法分别进行绘图（图 1– 图 19），每幅图都进行简略的说明。

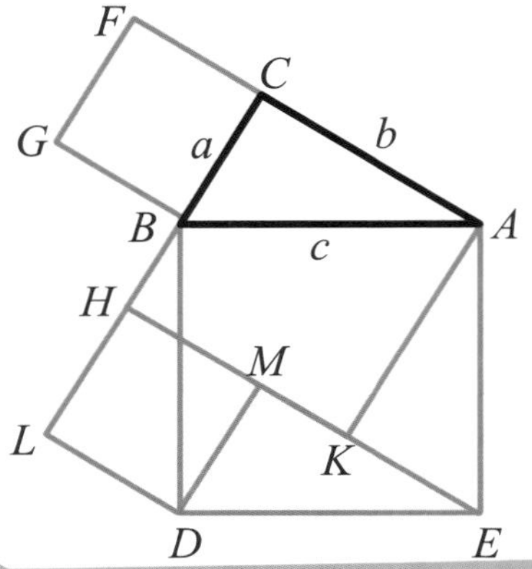

图 1。梅文鼎第一图：*BCFG* 是勾方，*ACHK* 是股方，移勾方于 *HLDM*，再移股方里的 *ABC* 于 *EDM*，最后移勾股方合成的图形里的 *BLD* 于 *AKE*，就成弦方 *ABDE*。（见《勾股举隅》）

图 2。梅文鼎第二图：*BCFG* 是勾方，*ACHK* 是股方，移 *AKE* 于 *CHL*，再移 *LEN* 于 *CAM*，那么股方已变成矩形 *AENM*。同法可变勾方成矩形 *BDNM*。于是就合成弦方 *ABDE*。（见《勾股举隅》）

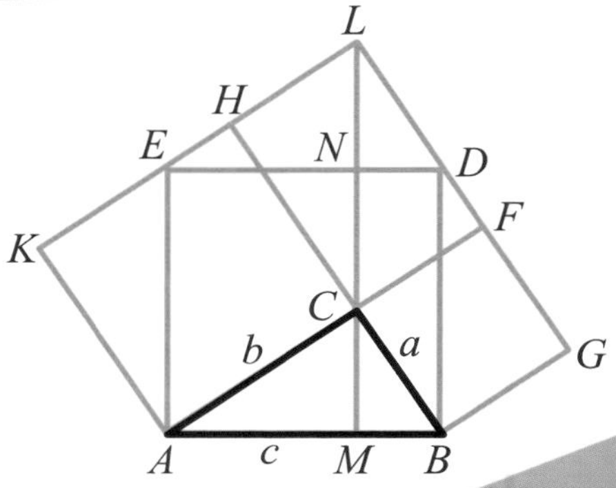

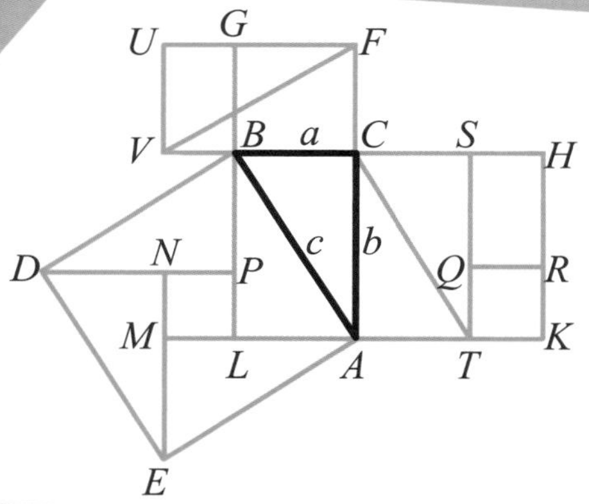

图 3。梅文鼎第三图：同上，先移 *SQRH* 于 *UVBG*，再移 *QTKR* 于 *NMLP*，又移 *CAT*、*SCT*、*UVF*、*FVC* 于 *BLA*、*NDE*、*MEA*、*BDP*，就得弦方 *ABDE*。（见《几何通解》）

图 4。杨作枚图：$a^2+b^2=(s-q+p)+(s+m+q)=2s+p+m$，$c^2=2s+p+m$。（见《勾股阐微》）

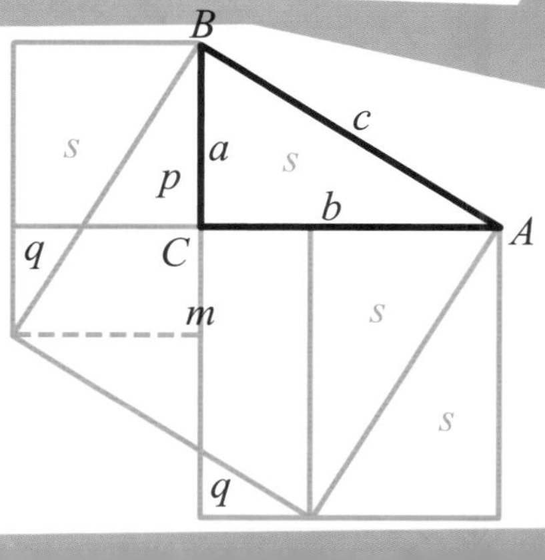

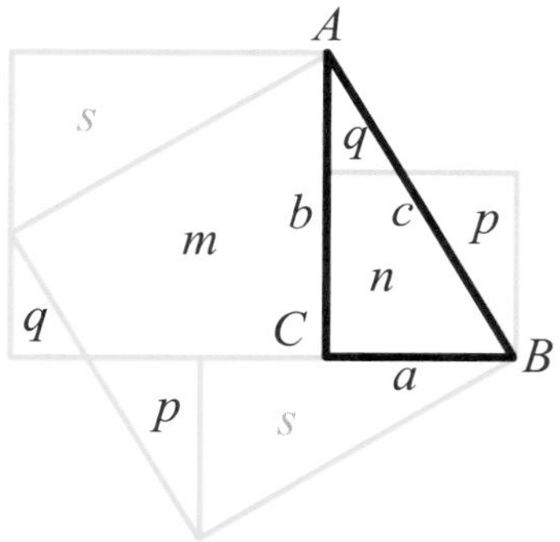

图 5。李锐图：$a^2+b^2=(n+p)+(m+s+q)$，$c^2=n+p+m+s+q$。（见《勾股算术细草》）

图 6。安清翘图：$a^2+b^2=\square BF+\square AH=\square KG-4s=(a+b)^2-4s=\square CL-4s=\square AD=c^2$。（见《矩线原本》）

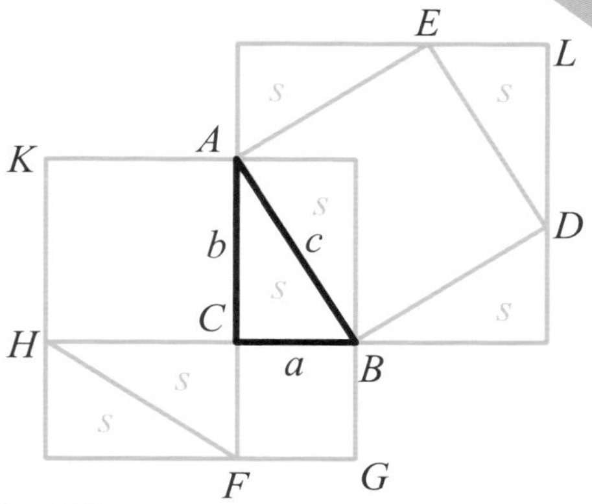

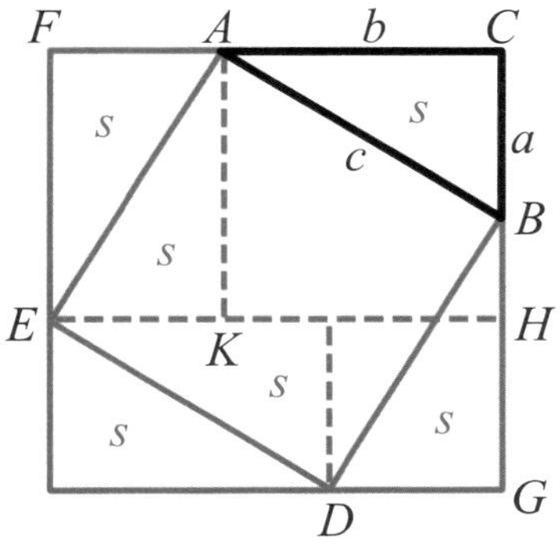

图 7。何梦瑶图：$a^2+b^2=\square DH+\square AH=\square FG-4s$，$c^2=\square AD=\square FG-4s$。（见《算迪》）

图 8。项名达图：$a^2+b^2=\square KL+\square BG=$ 五边形 $BDELH-2s=\square AD=c^2$。（见《勾股六术图解》）

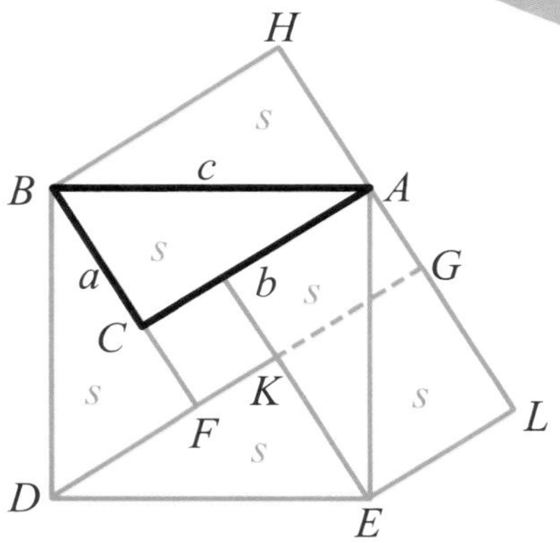

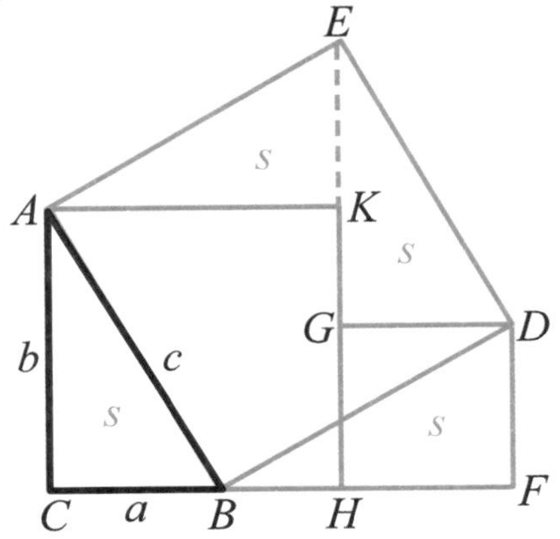

图 9。陈杰图：$a^2+b^2=\square GF+\square AH=$ 五边形 $ACFDE-2s=\square AD=c^2$。（见《算法大成》）

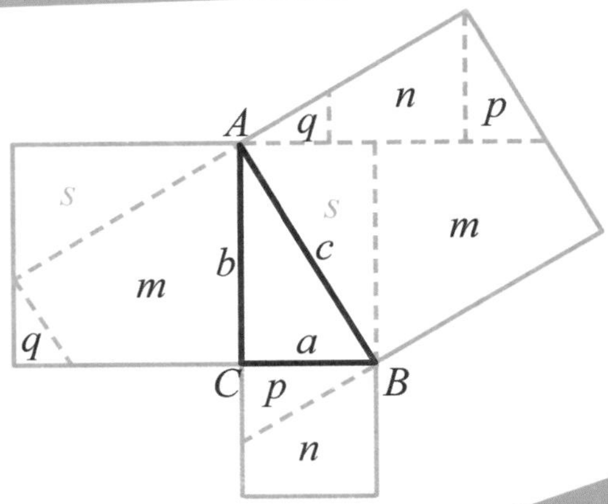

图 10。华蘅芳第一图：$a^2=n+p$，$b^2=m+s+q$，$c^2=n+p+m+s+q$。

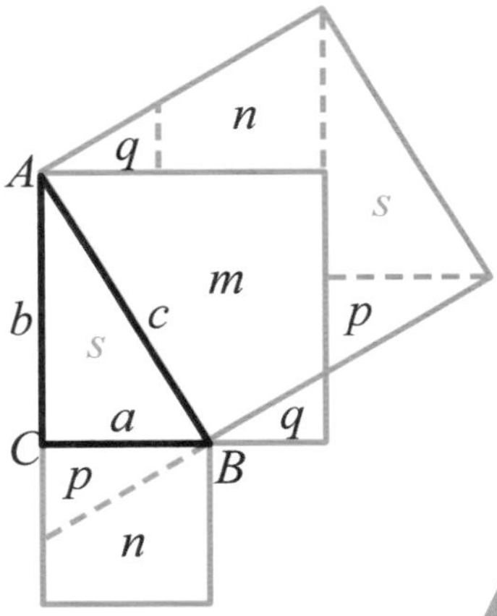

图 11。华蘅芳第二图：$a^2=n+p$，$b^2=m+s+q$，$c^2=n+p+m+s+q$。

无字的证明：青朱出入图

下面 8 幅图，是从华蘅芳的“青朱出入图”中选录的，为了简便起见，说明只指出勾方和股方之和一共是某几个形的和，也就是弦方是这几个形的和。

图 12。$n+p+m+s+q$。

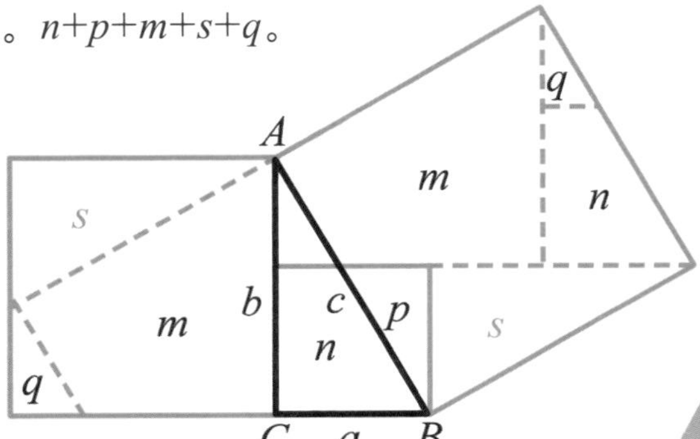

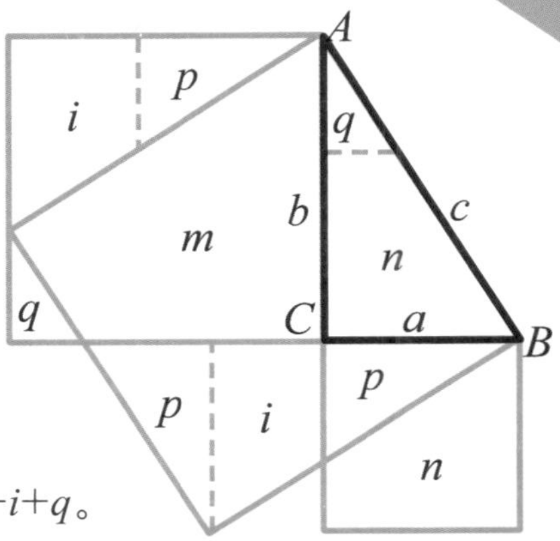

图 13。$n+2p+m+i+q$。

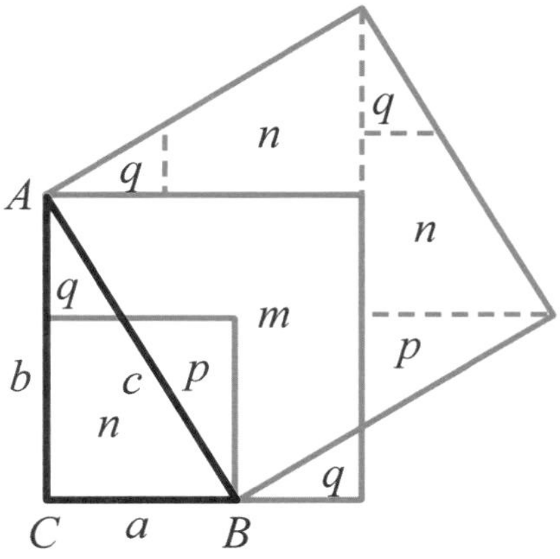

图 14。$m+2p+2n+2q$。

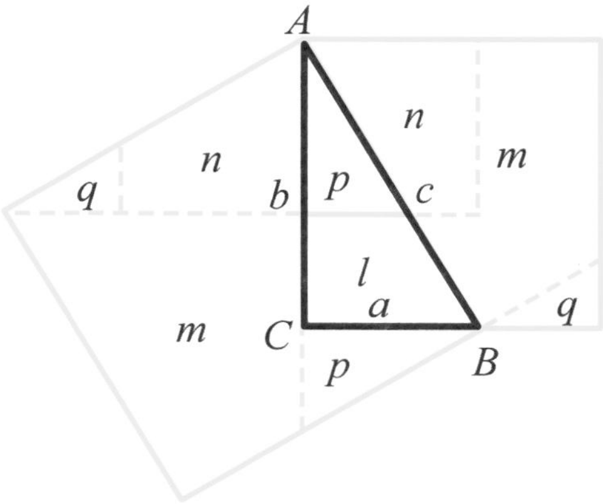

图 15。$n+m+q+l+2p$。

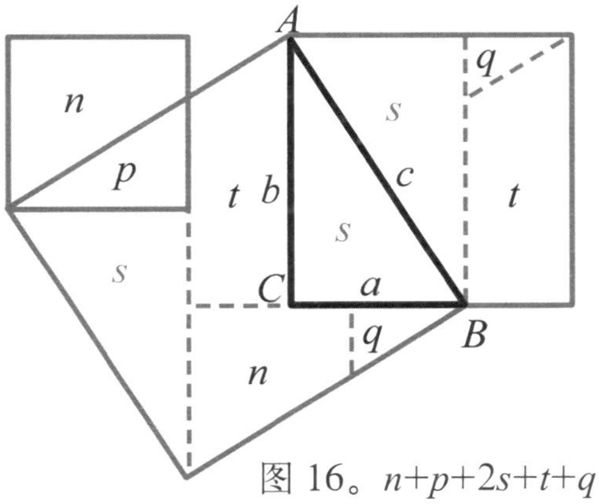

图 16。$n+p+2s+t+q$。

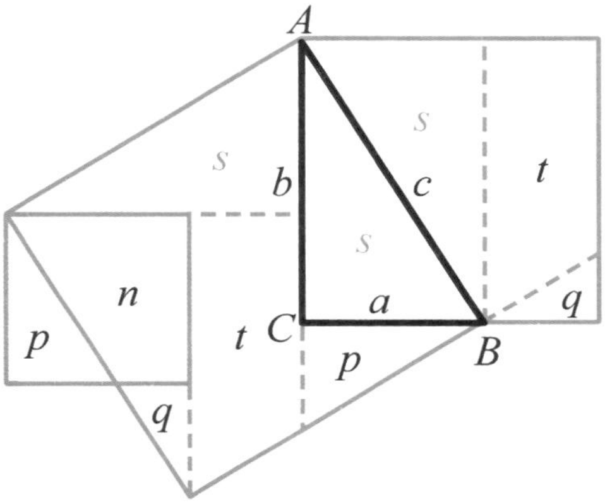

图 17。$n+p+2s+t+q$。

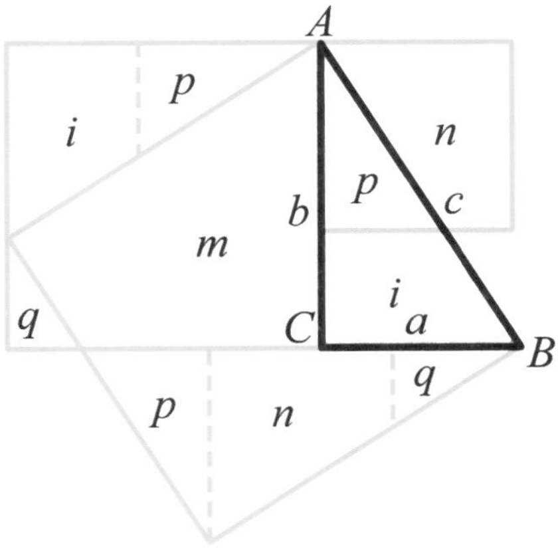

图 18。$n+2p+m+q+i$。

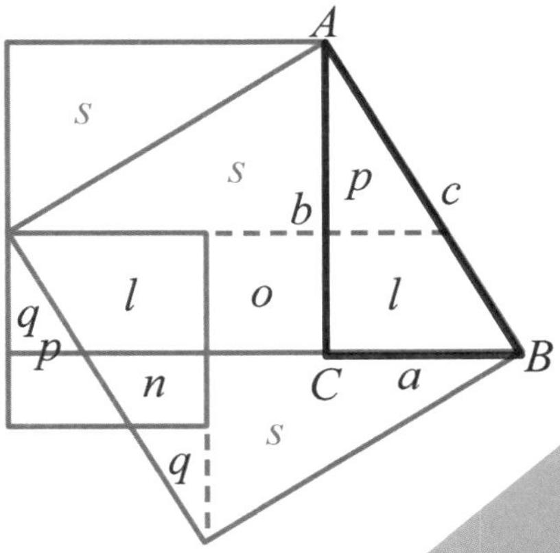

图 19。$n+p+2s+2q+2l+o$。

以上许多证明（图 1–19），都是利用图形的“出入相补”进行证明的，大家了解即可。

中国的三角测量——重差术

重差术，是汉朝天文学家测量太阳高和远的方法，是中国古代的三角测量术。起源可能很早，《周髀算经》中陈子测日的方法，以及魏晋时刘徽《海岛算经》里的测量术，大都是由这个方法发展起来的。

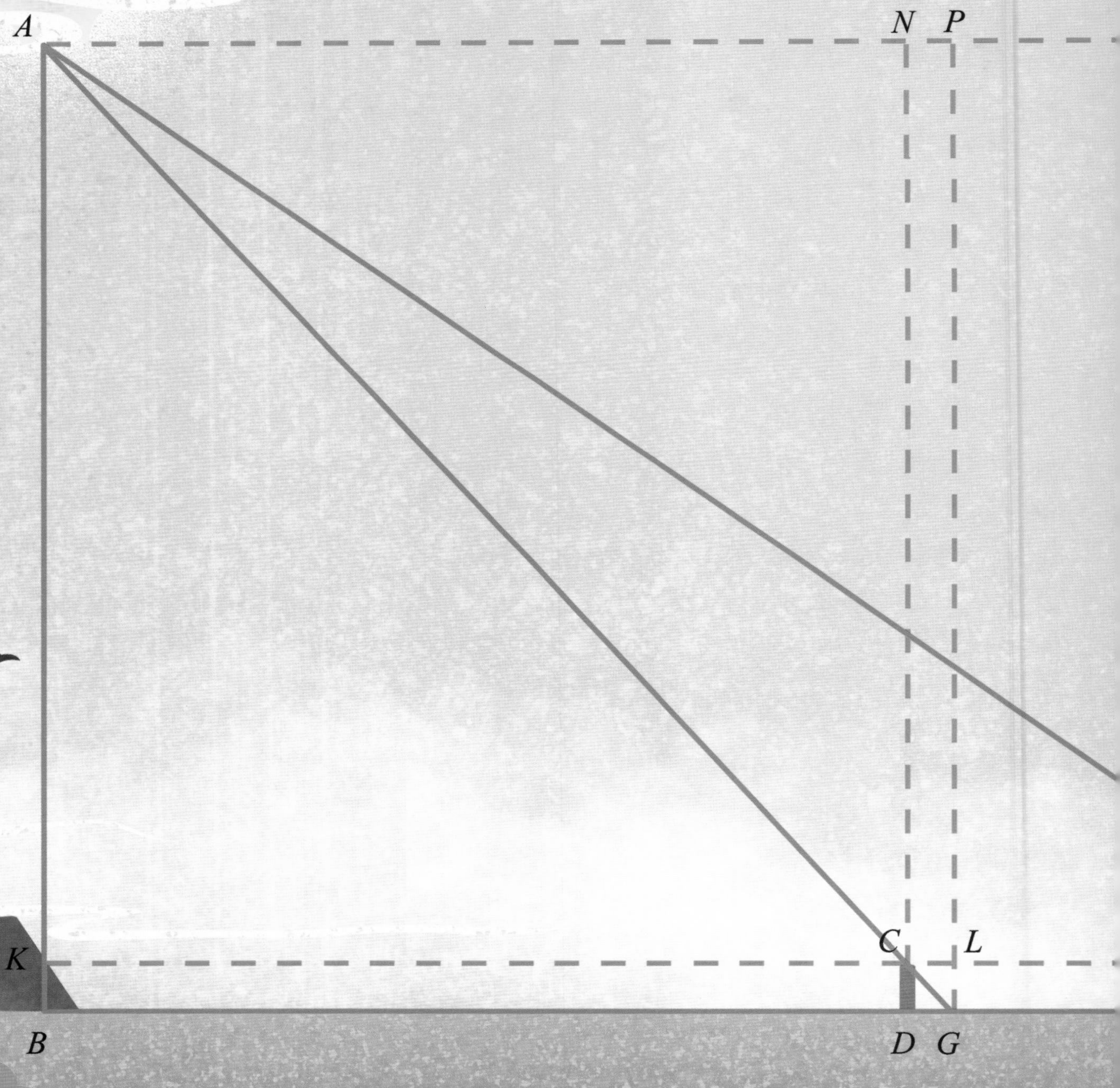

如何测量太阳的高和远？

刘徽在《九章算术注 · 序》中概括出了测量太阳的高和远的方法：在平地的南北方向上分别立两根高 8 尺的表竿。同一天的中午测量两根表竿的影长，通过影长的差来求得太阳的高和远的公式。

$$太阳的高（AB）= \frac{表竿的长度（CD）\times 两根表竿之间的距离（DF）}{两根表竿影长的差（FH-DG）} + 表竿的长度（CD）$$

$$太阳到第一根表竿之间的水平距离（BD）= \frac{第一根表竿的影长（DG）\times 两根表竿之间的距离（DF）}{两根表竿影长的差（FH-DG）}$$

注：这两个公式是基于天圆地方，大地是平面的“盖天说”，不符合实际，但是在数学理论上是正确的。

【做一做】

我们知道了太阳的高和太阳到第一根表竿之间的距离，你知道怎样求太阳的远（即 AD）了吗？

答案：$AD = \sqrt{AB^2+BD^2}$。

如何测量山的高度?

在一棵树的西边有一座山，我们只知道这棵树到山的直线距离是 2530 米，这棵树高 32 米。现在有一个身高 2 米的人站在树东边 150 米处，他看向山顶的视线正好和看向树梢的视线在一条线上，请问，这座山有多高？（本题根据刘徽在《九章算术注·序》中提出“因木望山”一题改编而成，为方便读者计算，数据进行了修改——编者注）

我们可以把上述的实物图抽象为下面的简图（忽略额头到眼睛的距离）。

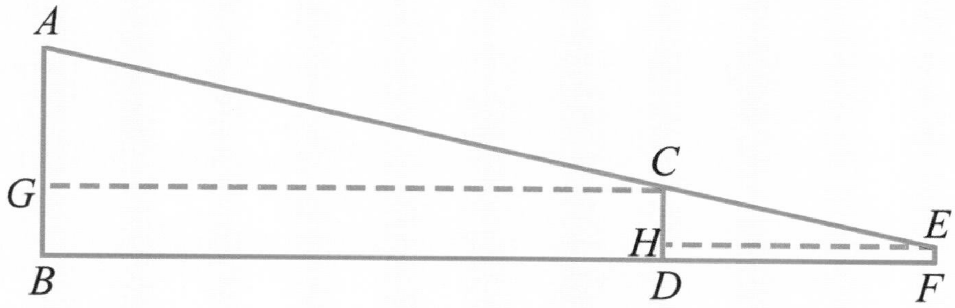

如上图所示，山高是 AB，树高 CD 是 32 米，人高 EF 是 2 米，而 FD 的距离是 150 米，DB 的距离是 2530 米。作 CG 和 EH 都和地平线 FB 平行，因为两个直角三角形 CEH 和 ACG 相似，所以 $EH:CG=CH:AG$，$AG=\frac{CG\times CH}{EH}$，从而可知，山的高度是

$$AB=\frac{CG\times CH}{EH}+CD$$

即 $\frac{2530\times(32-2)}{150}+32=538$（米）。

所以山的高度是 538 米。

这种测量方法是利用一组相似直角三角形成比例，其中测量者和目的物之间是可以到达的。如果测量者和目的物之间有阻隔而不能到达，比如，测量太阳到地面的距离，我们是不可能到达太阳的，这时候就用到重差术，也就是利用双重的相似三角形，作比较复杂的计算。

如何测量海岛的高度？

有个人想要测量海岛的高度。他在海边一前一后立了两根高 4 米的柱子，两根柱子中间相距 400 米，而且两根柱子与海岛在同一水平线上。

现在，这个人从前面的柱子往后退了 246 米，趴在地上望向海岛，发现海岛的顶端和柱子的顶端在一条线上；然后这个人又从后面的柱子往后退 254 米，趴在地上望向海岛，发现海岛的顶端和柱子的顶端也在一条线上。那么，这座海岛高多少呢？（本题根据刘徽所著的《海岛算经》第一题“测望海岛”一题改编而成，为方便读者计算，数据进行了修改——编者注）

我们将上述内容抽象为下面的简图（忽略人趴在地上眼睛到地面的距离）。

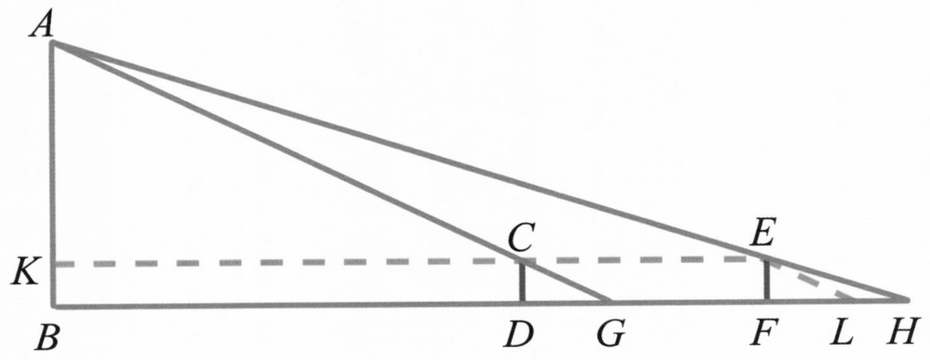

如上页简图，因为 $CD=EF$，所以过 C、E 而交 AB 于 K 的直线一定和 BH 平行。再作 $EL \parallel CG$，那么

$$\triangle CDG \cong \triangle EFL$$

所以 $DG=FL$，$LH=FH-FL=FH-DG$

又因 $\triangle AKC \backsim \triangle EFL$，$\triangle ACE \backsim \triangle ELH$

所以 $AC : EL=AK : EF$，$AC : EL=CE : LH$

于是 $AK : EF=CE : LH$

即 $AK : CD=DF : (FH-DG)$

所以 $AK=\dfrac{DF \times CD}{FH-DG}$

将题目中的已知数代入，得出 AK 的值，再加 KB（等于 CD），就是海岛的高度。

【做一做】

试一试，将题目中的已知数代入，算一下海岛的高度是多少吧。

答案：204米。

如此看来，中国古代的重差术和现代的三角测量类似，不同的是：三角测量是利用角的度数以及角之间的函数值来计算；而重差术是直接测量出两个直角三角形的勾和股，利用勾和股之间的比值来计算。

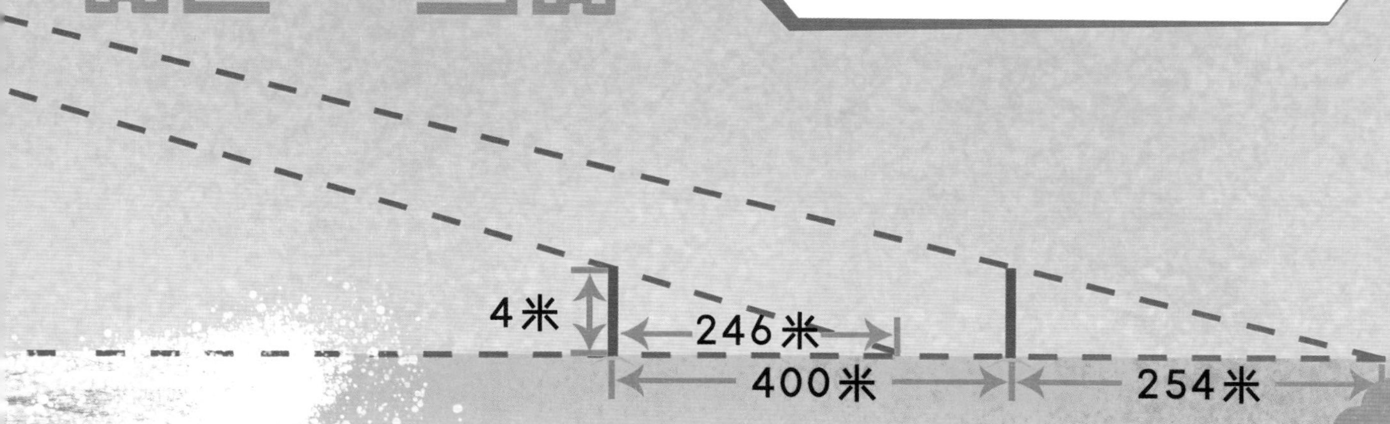

勾股容方和勾股容圆

《九章算术》中有“勾股容方”和“勾股容圆”两个题目，就是在已知勾、股两数的情况下，求直角三角形中内接正方形的边长或内切圆的直径的问题。

如何求直角三角形的内接正方形边长？

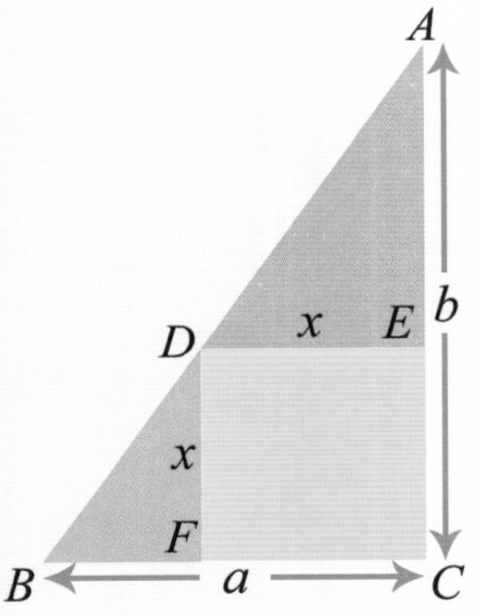

如左图所示，求直角三角形 ABC 的内接正方形 $DFCE$ 的边长 x。

因为直角三角形 ABC 被 DE、DF 分割成 3 块，我们可以取同样的两组，拼成一个大矩形（如下图所示）。这个大矩形的面积是 ab（因为直角三角形 ABC 的面积是 $\frac{1}{2}ab$），长是（$a+b$），宽是 x，所以得

$$(a+b)x=ab$$

正方形的边长就是：$x=\frac{ab}{a+b}$

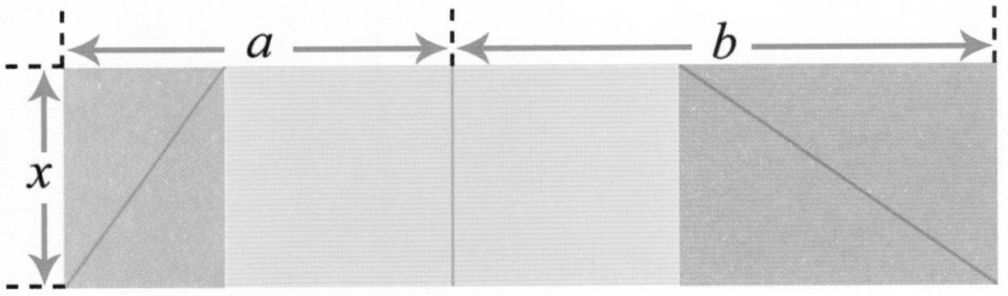

【做一做】

假设直角三角形的三边长分别为 $AB=5$，$BC=3$，$AC=4$，请你计算内接正方形 $DFCE$ 的边长 x。

答案：$\frac{12}{7}$。

如何求直角三角形的内切圆的直径？

如下图所示，求直角三角形 ABC 的内切圆的直径 d。

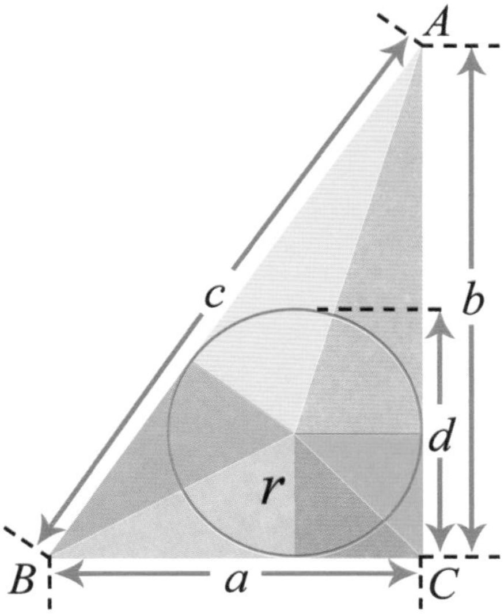

从圆心到 3 个切点和 3 个顶点所作的 6 条直线，把这个直角三角形分割成 6 块。取同样的 4 组，拼成一个大矩形，如下图所示，面积是 $2ab$，长是（$a+b+c$），宽是 d，所以得

$$(a+b+c)d=2ab$$

内切圆的直径就是：$d=\dfrac{2ab}{a+b+c}$

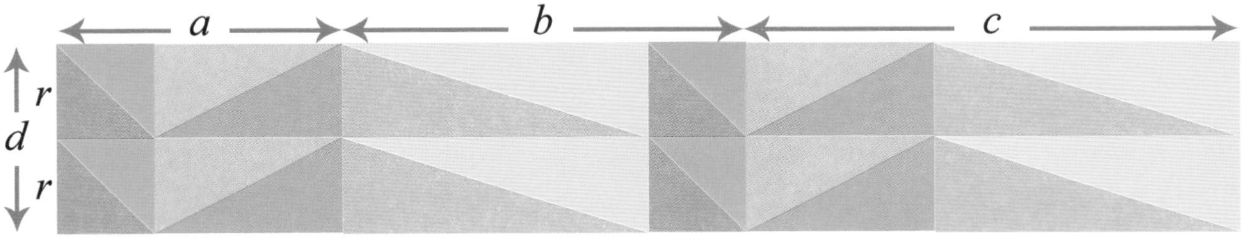

【做一做】

假设直角三角形的三边长分别为 AB=5，BC=3，AC=4，请你计算内切圆的半径 r。

答案：1。

圆周率的沿革

1 中国古代人民最初所用的圆周率是 3，也就是 π=3，后人把它称作“古率”。在《周髀算经》和《九章算术》中，凡是有关圆的计算，都用这个古率。后来在长期的实践中，人们发现“π=3”这个圆周率不够精确，有时候还不符合实际，但是却不知道该怎样确定更精确的数值。

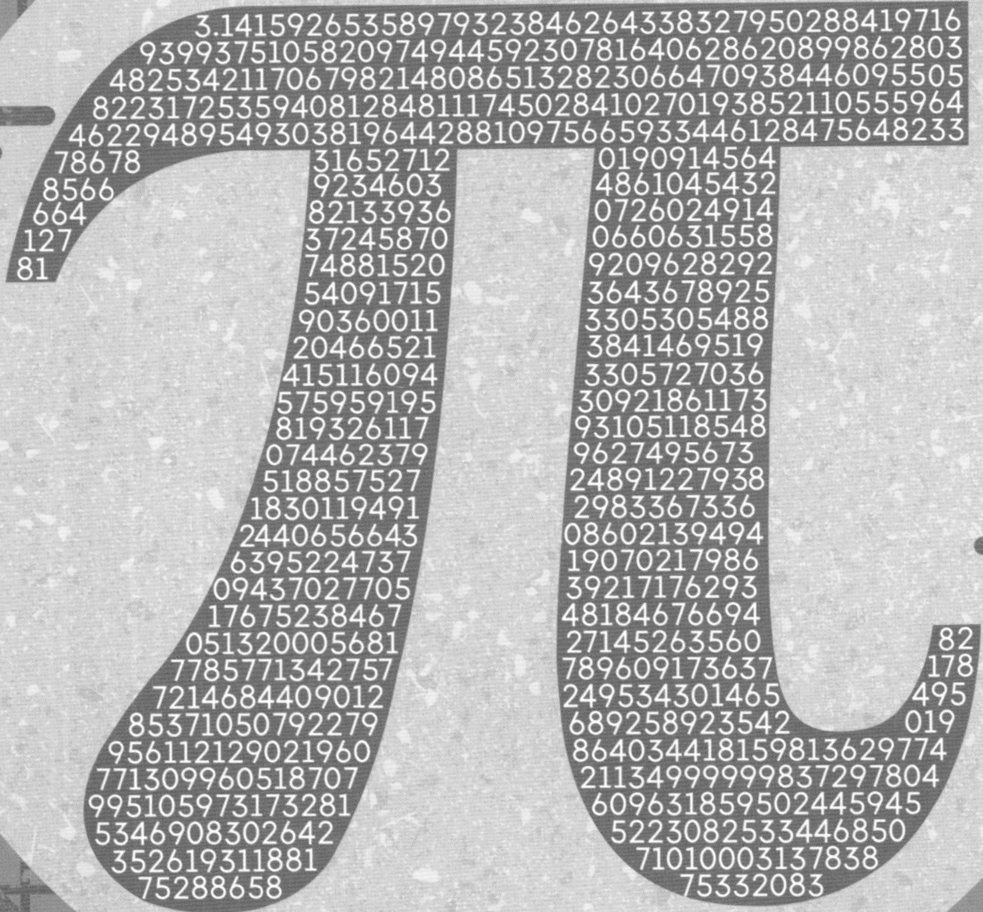

2 最先在古率外另设圆周率新数的是西汉的刘歆（？－公元 23 年）。在公历纪元初年，汉朝的统治者为了统一全国度量衡制，命刘歆设计制造了一种铜质的圆柱体标准量器，名叫“新莽铜嘉量”。新莽铜嘉量是公元 9 年王莽立号为新朝时制造的标准量器。以栗氏量为模式，由王莽国师刘歆等人设计制造的标准量器，今藏台北故宫博物院。

真实世界

新莽铜嘉量的下端有一个横隔层，层上的容量恰是一斛，层下是一斗，左、右两个耳朵各是一个小圆柱体，左耳容量是一升，右耳也有一个横隔层，层上的容量是一合（合读 gě），层下是一龠（龠读 yuè）。这是一个包含五种量的标准容量器。

我们可以由上面所刻的铭文，推知当时尺度的标准，由该容器重二钧算出当时的重量标准，再凭该容器所发的声音正好符合“黄钟”的“宫”声，又可以用来审定音律，当时的律、度、量、衡四种制度可以通过该容器完全推测出来。

【做一做】

根据刘歆创造的新莽铜嘉量上所刻的铭文，我们知道，斛面的圆里有边长为 33.33 厘米（1 尺）的正方形，它的四角和圆周相距约 0.32 厘米（0.0095 尺），而圆面积是 1799.82 平方厘米（1.62 平方尺）。由这几个数据，就可以算出刘歆所用的圆周率的数值约为 3.155。请你验算一下，由上述数据是否可以得出圆周率的数值为 3.155。

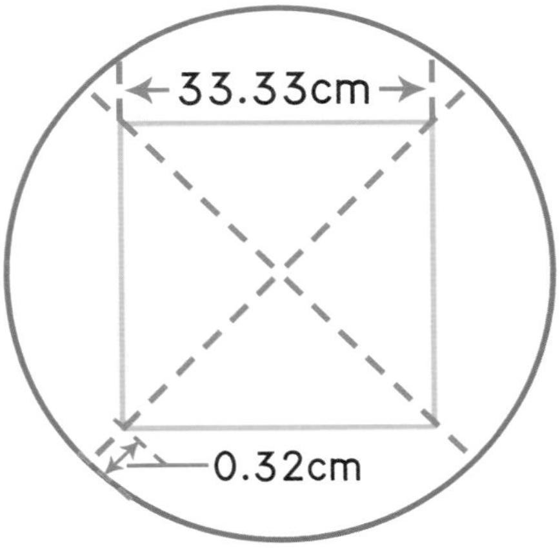

虽然刘歆得到的圆周率还不够精确，但是此举让后人在圆的计算上不再拘泥于古率，并且能启发后人继续寻求圆周率的精确数值。

答案：根据圆的面积 $S=\pi r^2$，要想得到 π 的值，需要先计算圆的半径 r。从图中可知，圆的半径 r= 正方形对角线的一半 +0.32，正方形对角线的长度是边长的 $\sqrt{2}$ 倍，也就是 $33.33\times\sqrt{2}\approx47.129$ 厘米，一半就是 23.565 厘米，圆的半径 $r=23.565+0.32=23.885$ 厘米，$\pi=S\div r^2=1799.82\div23.885^2\approx3.155$。

3 刘歆以后，东汉张衡（公元 78 年－公元 139 年）得到两个新的圆周率数值$\sqrt{10}$和$\frac{92}{29}$，它们近似于 3.1623 和 3.1724。关于$\sqrt{10}$这个圆周率数，在阿拉伯和印度的数学著作里也曾提到过，但是比张衡迟了几百年。

4 最先根据理论来探求圆周率近似值的是数学家刘徽，他创造的算法叫作“割圆术”，这种算法不但让圆周率数值更精确，还奠定了后世计算圆周率的基础。另外，这个算法还体现了刘徽用极限观念来考虑数学问题：它用折线来逐渐逼近曲线，用多边形来逐渐逼近曲线形，这是极限观念的一种应用。

在刘徽小时候，有一天，他偶然看到石匠在切割石头：一块方形的石头，石匠先切去了四个角，四角的石头瞬间就有了八个角，然后再把这八个角切去，以此类推，直到无角可切为止。到最后，刘徽发现，本来是方形的石块，在不知不觉中变成了一个圆滑的柱子。

石匠切石头给了刘徽很大启发，他像石匠所做的那样，把圆不断分割，发明了割圆术，为计算圆周率提供了一套严密的理论和完善的算法。

割圆术

刘徽在《九章算术注》中，描述了用割圆术（后人称之为“徽术”）求圆周率的方法。他把圆内接正六边形各边所对的弧平分，作出同圆的内接正十二边形，利用勾股定理求出它的边长。照此继续把弧平分，顺次可求内接正二十四边形、正四十八边形、正九十六边形……的边长。当圆的半径是 1 时，圆面积等于 $1^2\times\pi=\pi$，所以我们可以由内接正多边形的边长求面积，根据“圆内接正多边形的边数越多，它的面积越接近于圆面积”的道理，得到π的较精确的数值：

$$\pi=3.14=\frac{157}{50}$$

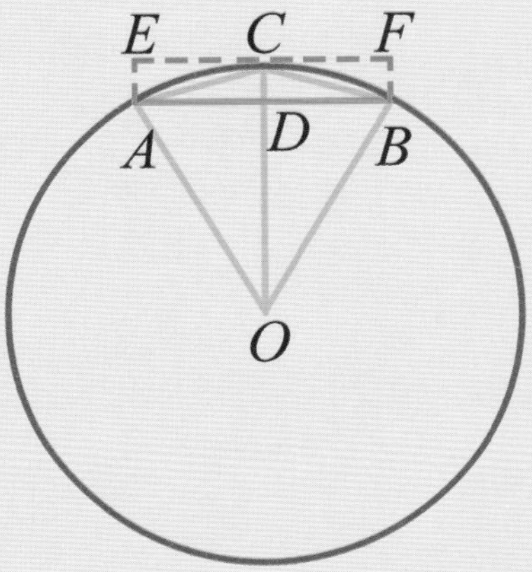

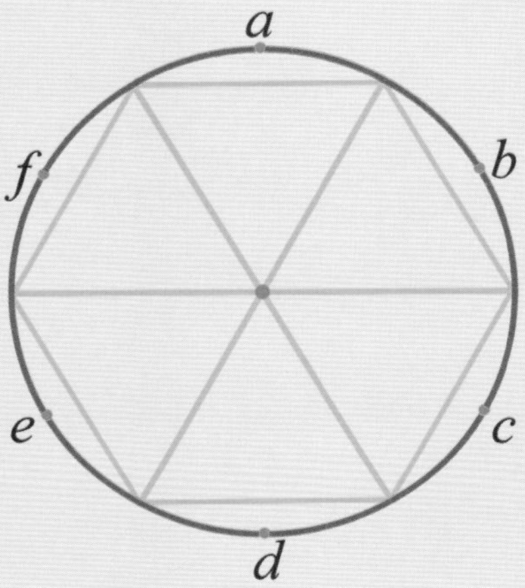

5 在南北朝时，何承天（公元 370 年－公元 447 年）、皮延宗（公元 445 年前后）和祖冲之（公元 429 年－公元 500 年）三人也对圆周率有研究，而以祖冲之的贡献最大。

在《隋书 · 律历志》中，记载了祖冲之对圆周率的推算过程，他推算出的圆周率已精确到七位小数，这是全世界最早出现的精密的圆周率数值：

$$3.1415926<\pi<3.1415927$$

求积法的新贡献

我国古代人民为了计算田地、粮仓、地窖等的面积，早就推理出了许多求面积的方法，但因为当时条件的限制，只得到近似的结果。后来经过许多人的不断努力，有的加以改良，得到更准确的算法；有的加以创新，创造出新的法则，使得求积方法在实用上更加便利。

古代人是怎样求三角形的面积的?

古代数学中求三角形的面积，原来只有“底、高相乘折半”的一种方法，自从南宋秦九韶的《数书九章》记载了“三斜求积”，才有已知三边求面积的新方法。秦氏的方法和古希腊数学家海伦的类似，虽然比海伦迟，却是独立发明的，不是由外国传入，这是毫无疑问的。

【做一做】

下图中哪个三角形的面积与涂色部分的三角形面积相等？请你说出原因。

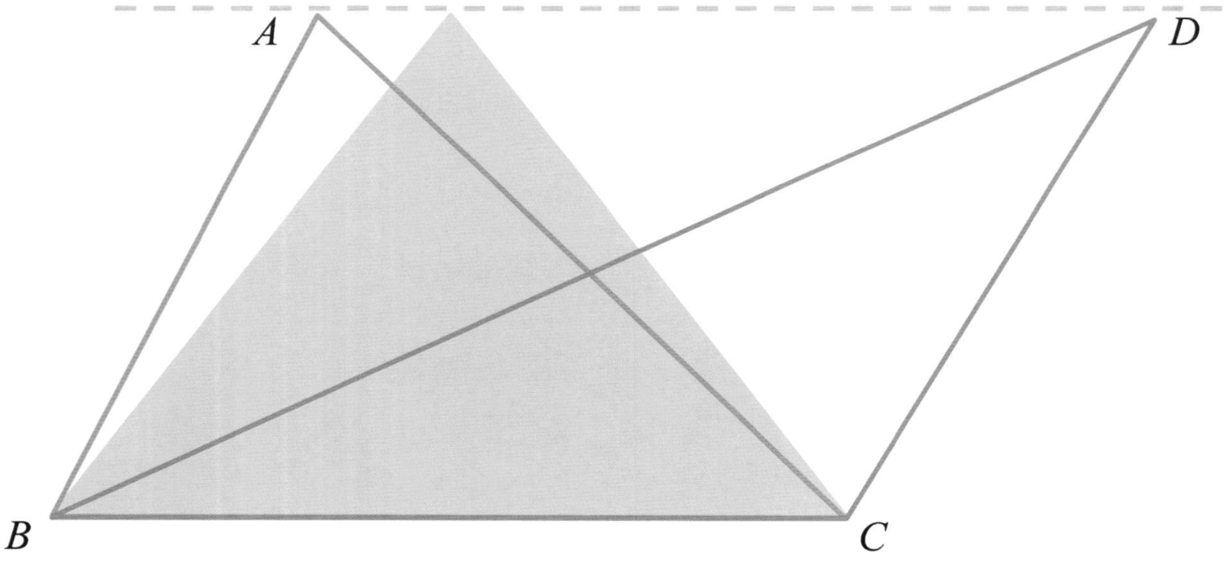

答案：三角形 ABC 和三角形 DBC 的面积都与涂色部分的面积相等，因为它们同底等高。

三斜求积

秦九韶把三角形的三条边分别称为小斜、中斜和大斜（如下图所示）。三斜求积就是用小斜的平方加上大斜的平方，减去中斜的平方，取相减后的差的一半，自乘而得一个数；小斜的平方乘以大斜的平方，减去上述得到的自乘数。相减后的差被 4 除，开平方后即得面积。

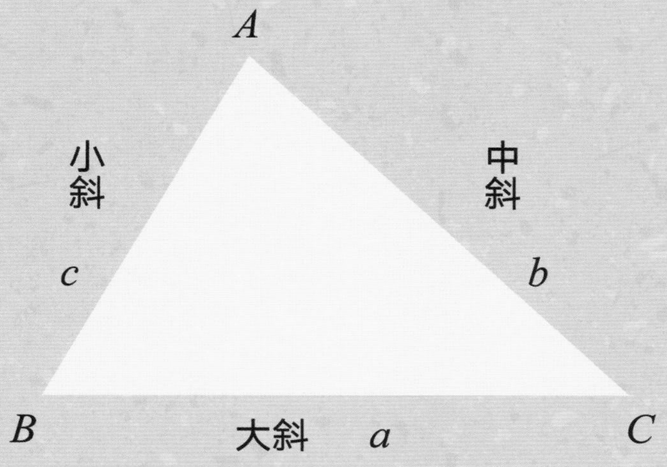

把这算法转化成公式，就是

$$S=\sqrt{\frac{1}{4}\left[c^{2}a^{2}-\left(\frac{c^{2}+a^{2}-b^{2}}{2}\right)^{2}\right]}$$

【做一做】

假设三角形的三边长分别为 a=5，c=3，b=4，请你用三斜求积法求这个三角形的面积。

答案：6。

球的体积是怎样得来的？

在祖冲之以前，计算球体的体积都是用《九章算术》的公式（具体过程略）：

$V=\frac{9}{16}D^3$（D 为球的外切正方体棱长）

1 在《九章算术注》中，刘徽取每边长 1 寸（约 3.3 厘米）的立方棋子 8 个，拼成一个每边长 2 寸的正方体（如下图所示）。设这个正方体的前、后两面的中心是 A 和 A'，左、右两面的中心是 B' 和 B，AA' 和 BB' 两直线相交于正方体的中心 O。

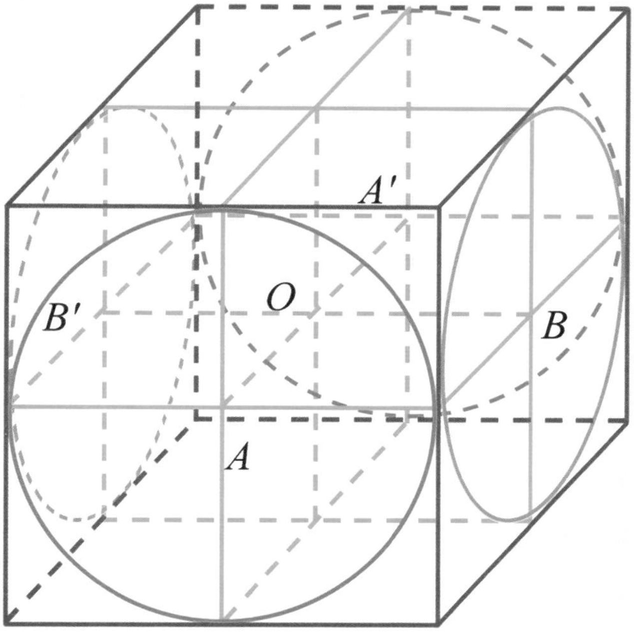

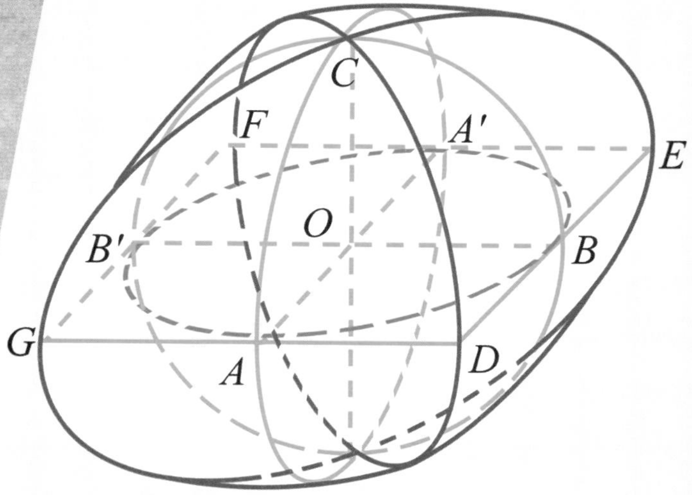

2 以 AA' 和 BB' 分别作轴，作出两个半径为 1 寸的圆柱体，那么这两个圆柱体的公共部分，叫作“牟合方盖”（如上图所示）（牟通侔，意思是相等，盖就是伞，所以“牟合方盖”的意义就是：相等且上下对合的两把正方形伞——编者注）。因为这个牟合方盖的中心横截面是一个正方形 $DEFG$，它的内切球（就是以 O 为中心，半径是 1 寸的球）的中心横截面是内切圆 $ABA'B'$，易知它们的面积之比为：

$DEFG : ABA'B' = 4 : \pi$

3 也就是，以任何平面横截这个外切牟合方盖和内切球，所得的两个横截面，前者总是后者（圆）的外切正方形，所以知道

$$外切正方形面积 : 圆面积 = 4 : \pi$$

球体积的准确公式

祖冲之、祖暅父子巧妙地求出了牟合方盖的体积，由此得到了球体积的准确公式（D 表示直径）。

$$V=\frac{1}{6}\pi D^3$$

取刘徽所用的一枚立方棋子（设边长是 r），如下图（a）所示，它被两个圆柱面分成了四个部分，如下图（b）（c）（d）（e）所示，（b）是一个“内棋”，（c）（d）（e）是三个“外棋”，（b）的体积是牟合方盖体积的八分之一。

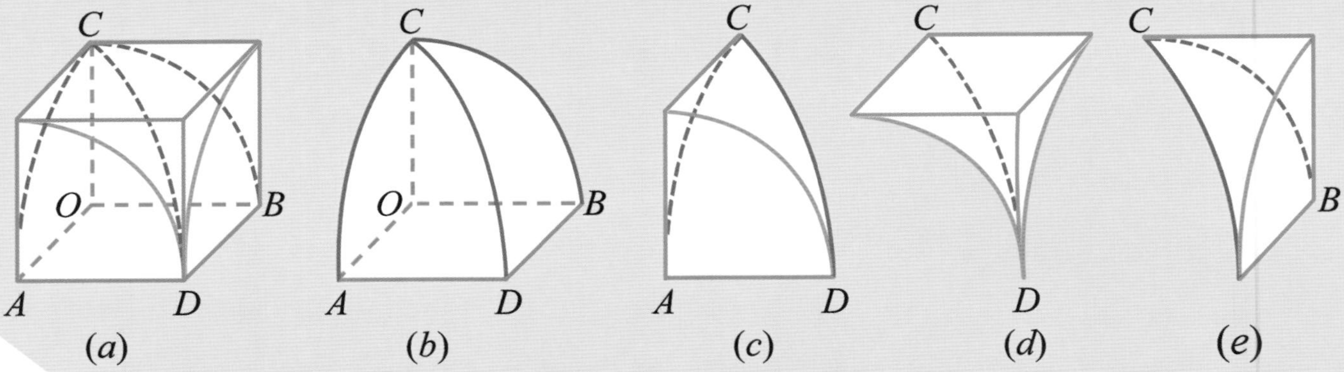

1. 现在把这四个部分合并为立方棋，作距底 h 且平行于底的截面，它与（b）（c）（d）（e）相交于 K、L、N、M、H，如图（1）所示。

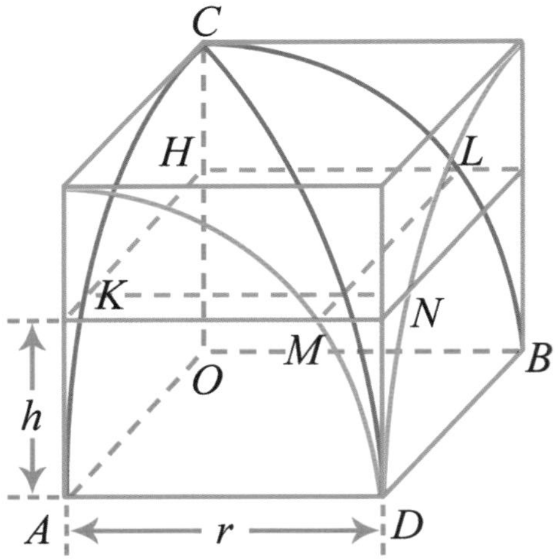

(1)

2. 另取同样的立方棋，作一个倒立的内接四棱锥，也用距底是 h 且平行于底的平面来作出截面，它截四棱锥于 P、Q，如图（2）所示。

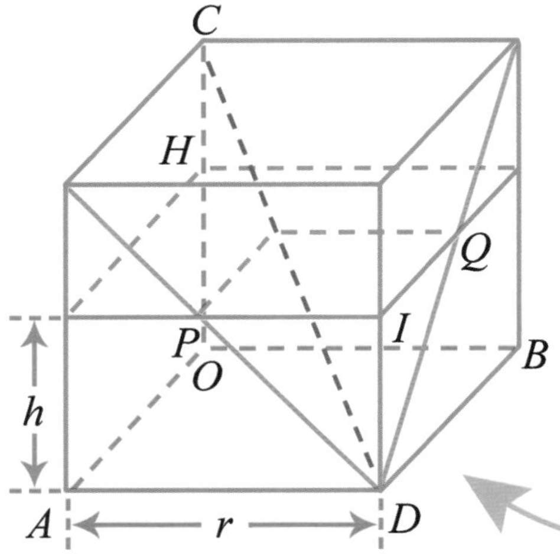

(2)

3. 为了清楚起见，我们把两个立方棋的截面上方的部分都去掉，分别来计算三个外棋的截面，即图（3）中的阴影部分，以及一个正四棱锥的截面，即图（4）中的阴影部分的面积。从图可见在△ OHL 中，已知 $OH=h$，$OL=OB=r$，由此可得正方形 $KHLI$ 的面积：

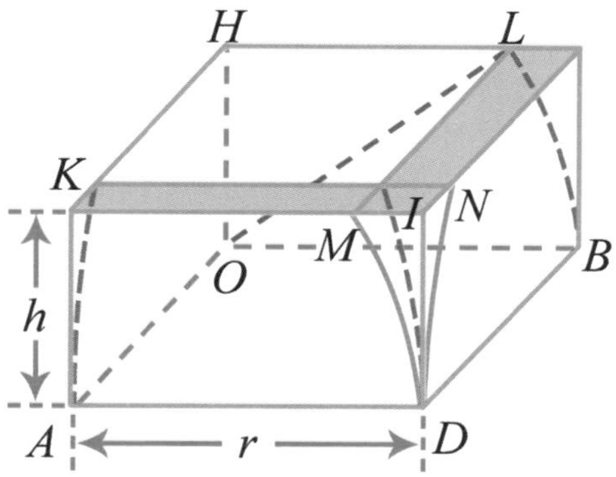

(3)

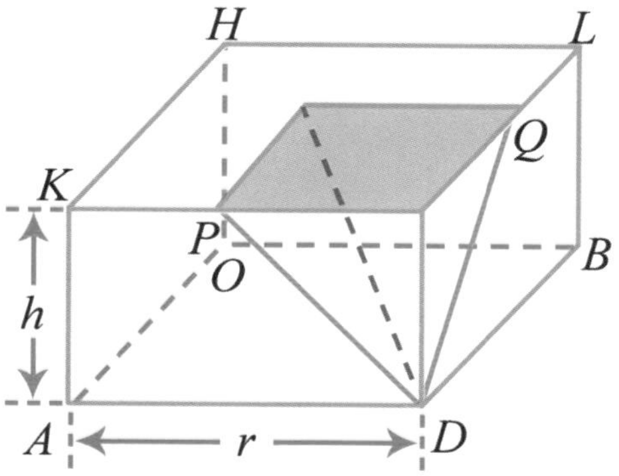

(4)

$$HL^2=OL^2-OH^2=r^2-h^2$$

但是正方形 HI 的面积等于 r^2，所以三个外棋的横截面面积是

$$\square HI-\square KL=r^2-(r^2-h^2)=h^2$$

又因∠ $PDI=45°$，所以

$$PI=DI=h$$

从而四棱锥的横截面 PQ 的面积是

$$PI^2=h^2$$

到这里，我们证明了三个外棋的横截面的面积等于一个倒立四棱锥的等高横截面的面积（都是 h^2）。这个关系，无论横截面和底的距离 h 是其他值，都是成立的。祖氏认为：既然三个外棋和一个倒立的四棱锥被等高的横截面截得的面积都相等，那么它们的体积也应该是相等的。已知四棱锥的体积是立方棋体积的$\frac{1}{3}$，所以三个外棋的体积也是立方棋体积的$\frac{1}{3}$，从而一个内棋的体积是立方棋体积的$\frac{2}{3}$，就是

$$\frac{1}{8}\times \text{牟合方盖的体积}=\frac{2}{3}r^3$$

由此可得：牟合方盖的体积 $=\frac{16}{3}r^3=\frac{2}{3}D^3$

把它代入刘徽的比例式，得 $\frac{2}{3}D^3 : V=4 : \pi$

$$V=\frac{1}{6}\pi D^3$$

这就是绝对准确的球体积公式。

西汉帝王的墓穴有多大?

《九章算术》中提到了很多多面体体积的算法，主要是有关筑堤、造台、开河、掘窖的体积问题，以及谷仓、米囤、粮窖的容量问题。刘徽采用出入相补的方法，将长方棱台变成宽$\frac{1}{2}(a+b)$的长方体，长方棱台的体积即长方体的体积$V=\frac{1}{2}lh(a+b)$。

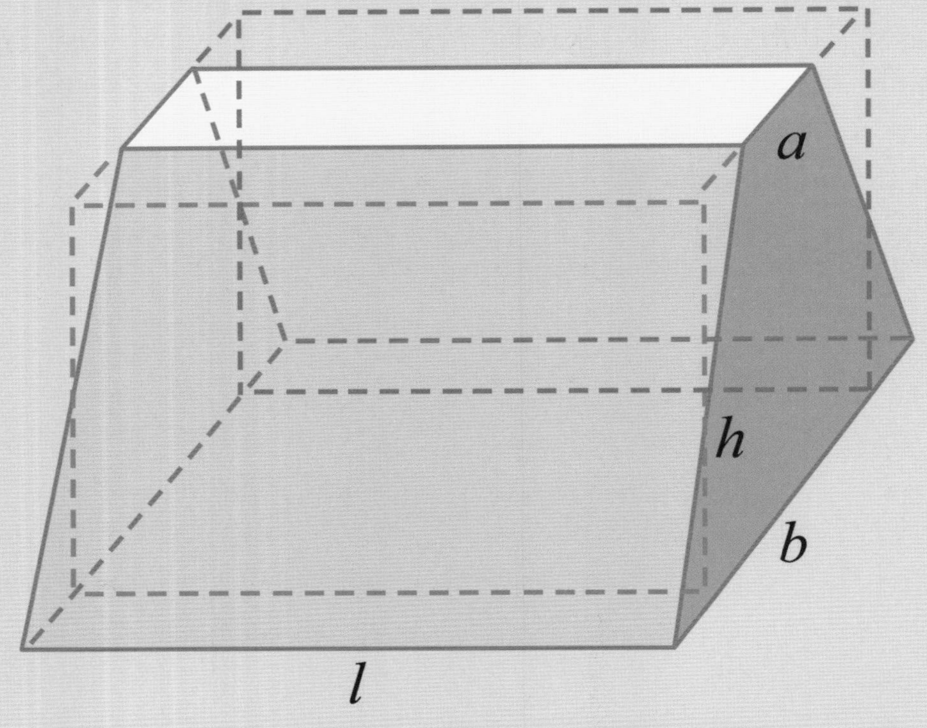

真实世界

在《九章算术》中，长方棱台叫"刍童"，就是一个平截长方楔。西汉帝王的陵墓就是刍童形，一般底长150～170米见方，高20～30米。右图是西汉帝陵及陵园的模型，其中帝陵的模型就是刍童形。

中国社会科学院考古研究所于 1982 年至 1985 年，开展了对汉宣帝杜陵和王皇后陵的陵墓、陵园、寝园及杜陵的陵庙、陵邑、陪葬坑和陪葬墓的考古勘察；并对帝陵陵园东门和北门遗址、寝园的寝殿遗址、一号和四号陪葬坑进行了考古发掘。汉宣帝陵封土底部边长 175 米，顶部边长 50 米，高 29 米。陵墓居陵园中央，四面正中各有一条墓道通向地下墓室，四条墓道的大小、形制基本相同。

（详见“中国社会科学院考古研究所”官网——编者注）

【做一做】

请你根据刘徽出入相补的方法，计算一下汉宣帝的墓穴体积吧。

答案：根据中国社会科学院考古研究所的资料，我们可以知道 a=50 米，b=170 米，那么运用出入相补原理，变形后的长方体宽为 1/2×（50+170）=110 米，再根据长方体的体积公式得出汉宣帝的墓穴体积为：110×170×29=542300 立方米。

中国古代数学故事

算术故事

学习数学应该和实际相结合。

本章节每篇里面都列举了一两个具体的算术或几何问题，

用来作为例证，帮助读者对数学原理作深入的钻研。

本章节所举的例子，特别是“益智谜题”，

很多都在我国民间流传久远。

读者可以从这里体会到我们的祖先在数学方面所展现出来的智慧。

思索的三部曲：猜数字游戏

猜数字游戏

有一个猜数字游戏，玩法如下：

你随意写下一个五位数，把该数的各位数字相加，用原数减去这个和，然后从所得的差中去掉任何一个数字（0 除外），再把其余的数字告诉我（顺序随意，0 不用说），我能立刻猜出你去掉的数字是几。

比如，你写下的数字是 65271，各位数字加起来得 21，相减得 65250，假设你选择去掉的数字是 2，就告诉我的三个数字是 6、5、5，那我能立刻猜出你去掉的数字是 2。

$$\begin{array}{r} 65271 \\ -\quad 21 \\ \hline 65250 \end{array}$$

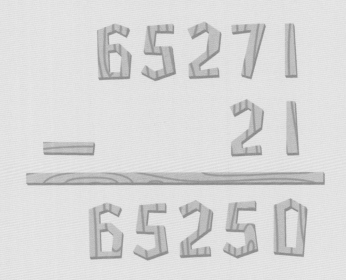

只靠 6、5、5 这三个数字，我是怎么立刻猜出你去掉的数字是 2 的呢？

益智谜题

牧童牧羊

一个牧童放羊归来。邻居问他：“你今天带出去多少只羊？”牧童说：“山羊的数量乘绵羊的数量，所得的乘积在镜子里一照，就是我今天带出去的羊的数量。”你知道牧童带出去多少只羊吗？

思索的三部曲

这个猜数字游戏的思索过程是怎样的呢？首先是要找到解题的关键，其次是由“知其然”到“知其所以然”，最后把它列举出来得出答案，好像是一套三部曲：

① 解答这道题需要什么条件？

② 由这个（些）条件可以得出什么规律？

③ 根据规律得出答案。

行军不利

某国的将军正在列兵示威。他让士兵按照每排 10 人进行列队，发现最后一排有 9 人，少了 1 人。将军认为末排缺人不吉利，于是发令改为每排 9 人，但末排仍缺 1 人，又改成每排 8 人，末排还缺 1 人；再改每排 7 人、每排 6 人……直到每排 2 人，末排始终缺 1 人。于是将军很恐慌，认为这次行军一定要失败了。那么，请你猜一猜有多少个士兵。（已知士兵数在 3000~7000）

我们用“思索的三部曲”来分析一下这个“猜数字游戏”吧。

由题目可知，数字可以按任意的顺序告知，所以我们可以推测出答案同原五位数的数值无关，只同各数位数字有关——十位的5，实际的数值是50，数字是5。这是第一个条件。

然后由题目中“0可以不用说”，可知要通过告知的数字得到原数，只能用加、减法。这是第二个条件。

于是任意假设几个数字进行试验。先用48页举例的65271，再用55437、47965、39217等分别做原数，各减去各位数字的和，再去掉任意的一位数字，其余各位求和，连同去掉的一位数字，列一张表。

原五位数	65271	55437	47965	39217	……
各位数的和	21	24	31	22	……
相减后的数字	65250	55413	47934	39195	……
去掉数字	2	4	9	5	……
告知的各位数字	6、5、5	5、5、1、3	4、7、3、4	3、9、1、9	……
告知的各位数字之和	16	14	18	22	……

那告知的各位数字的和，同去掉的数字有什么关系呢？很容易发现：

16+2=18，14+4=18，18+9=27，22+5=27……它们的和18、27……都是9的倍数。

因此我们得到一个规律：把告知的各位数字相加得到一个和，在9的倍数中选出一个比这个和略大的数字，减去这个和即可得到去掉的数字。若和正好是9的倍数时，那么去掉的数字就是9。

益智谜题

今天星期几？

甲问乙：“今天是星期几？”乙素来喜欢故弄玄虚，回答说：“若以后日为昨日，则今日与星期日的距离，等于以前日为明日的今日与星期日的距离。”你知道今天是星期几了吗？

罗马钟表

一个搬运钟表的工人不小心把罗马钟摔成了 4 块。仔细一看，发现每块上所有的罗马数字和恰巧相等。这个钟表被摔成了什么样呢？请你在钟表上画出来。

移动成方

有 4 根同样长的木棍（长方体形状），将它们排列成如下图所示的十字形，如果只能移动一根木棍，得到一个正方形，该怎样移动呢？

思考的线索：残缺的数字

当我们解决问题的时候，必须集中精力，掌握思考的方法，有规律地深入问题里面。上一节所讲的“思索的三部曲”，就是一种最普通的思考问题的方法。但是问题往往复杂多变，当我们碰到复杂的问题时，就必须灵活地运用这种思考方法。

怎样去灵活运用呢？首先要找出解决问题的线索，按照这个线索集中精力一步一步深入，从第一个环节找出第二个环节，以至第三、第四个……环节，逐次把问题剖析、解决。就像抽丝剥茧一样，先要寻到一个正确的头绪，从此往下抽去，就能很顺利地逐渐抽到丝尾。

益智谜题

割纸条

有 7 张纸条，每张纸条上都有 1~7 这 7 个数字。现在要用最简单的方法重新排列这些纸条（可以割断），仍排列成为一个正方形，使每行、每列以及两对角线上的 7 个数字的和都是 28。该怎样做呢？

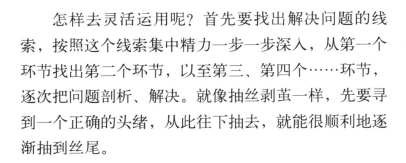

1	1	1	1	1	1	1
2	2	2	2	2	2	2
3	3	3	3	3	3	3
4	4	4	4	4	4	4
5	5	5	5	5	5	5
6	6	6	6	6	6	6
7	7	7	7	7	7	7

残缺的数字

某法院审理一起案件，其中唯一的证据是一张写有不完全的除法算式的图纸。这张图纸上的算式大部分已残缺模糊，只留 8 个数字可以辨认，于是法官征求数学家把它们补足，找到凶手。

图纸如下，其中 a，b，c，d……就是残缺的数字。

```
          g5h
      ┌──────────
  ab9 │ 6c8def
        ijk2
      ───────────
         l9mn
         pq4r
      ───────────
          stuv
          wxyz
      ───────────
             0
```

请你先自己尝试解决这个问题，如果解答不出，可翻到下一页看详细解析过程。

巧插金针

在纸板上画如右图所示的图形，将 6 枚金针插在图中有黑点的地方，而且在横、竖、斜各直线上都不许出现两枚金针。该怎样插呢？

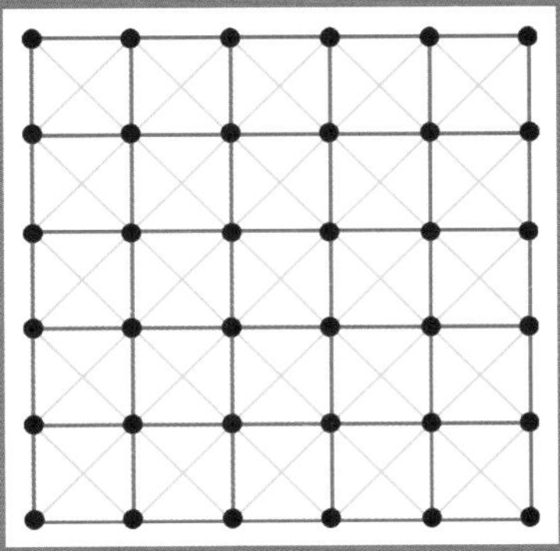

兄弟年龄

有一对笨兄弟，哥哥对弟弟说：“10 年后我的年龄是你现在年龄的两倍。”弟弟对哥哥说：“10 年后我的年龄同你现在的年龄相等。”你知道这对兄弟今年多大吗？

第一步，仔细观察，我们发现 r 这个数字是容易推定的。因为商数中的 5 同除数中的 9 的乘积的末位数字一定是 5，即 $r=5$。因为 g 同 9 的乘积的末位数字是 2，可得 $g=8$。

```
          853
749 ) 638897
      5992
      ------
       3969
       3745
      ------
        2247
        2247
      ------
           0
```

第二步，由 8 减去 k 得 9，必须借位，即由 18 减去 k 得 9。但 18 的 8 也许被右位借 1 而成 17，所以 k 应是 8 或 9。若 $k=8$，则 g（8）乘 9 得 72，k 减去 7 得 1，是 g（8）乘 b 的末位数字；但 8 乘任何数所得的积的末位都不可能是 1，所以 $k\neq8$，那么 $k=9$。

第五步，由 $q=7$ 及上方的 9，可知 s 最大是 2，d 最大是 9，所以 m 最大是 7，t 最大是 3，即 st 最大是 23。又设 q 上方的 9 若被借位，则 s 仅是 1，t 最小也是 5（设 $m=0$，且被借位），即 st 最小是 15。我们试 $h=3$，因为 3 乘 a（7）得 21，在 15~23 之间。推得 $z=v=f=7$，$y=u=4$，$x=t=w=s=2$，$n=e=9$，$m=6$，最后 $d=8$。

这张图纸上一共缺少了 25 个数字。

益智谜题

巧贯九星

如图所示，要一笔画线通过 9 颗星，且这条线的各部分都是直的，只能拐 3 次，该怎样画呢？

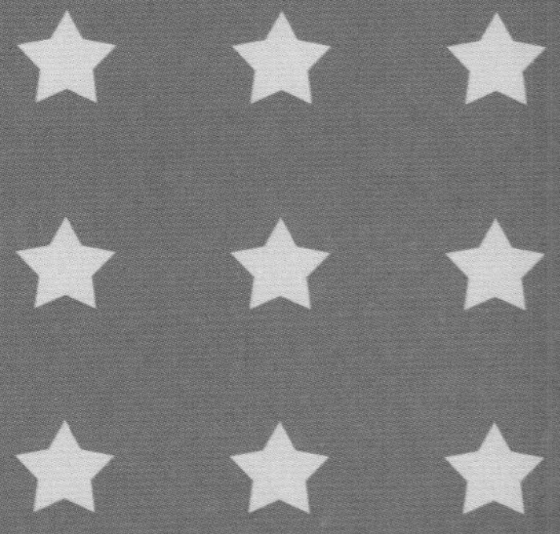

第三步，既得 $k=9$，则 g（8）乘 b 的末位数字是 2，b 是 4 或 9。若 $b=9$，则商的第二位 5 乘 9 得 45，r 的左位应是 9；但式中是 4，所以 $b\neq9$，$b=4$。

第四步，因为 i 肯定小于等于 6，所以 a 最大是 8。若 $a=8$，则由 $g=8$，$b=4$ 可得 $j=7$，$i=6$。但 c 最大不能超过 9，若 $c=9$，被右位借 1 后成 8，减去 j（7），得 $l=1$。但 l 至少应是 5 乘 a（8）的积的首位数字 4，因此不合理，即 $a\neq8$。若 $a=6$，同理可推得 $j=1$，$i=5$，即使 $c=0$，尚得 $l=8$，商的第二位 5 乘 649，$p=3\neq l$，所以 $a\neq6$。若 $a=7$，同理推得 $j=9$，$i=5$，$q=7$，$p=3$，$l=3$，$c=3$，符合要求。

移植果树

财主家买来 12 棵名贵的果树种植在果园里，一开始财主计划将果树种植成如下图所示的六角星形，共 6 行，每行 4 棵果树。后来财主要重新布置，改列 7 行，每行仍然种 4 棵。于是财主让园丁移植，但规定最多只能移植 4 棵果树。你能帮园丁解决这个问题吗？

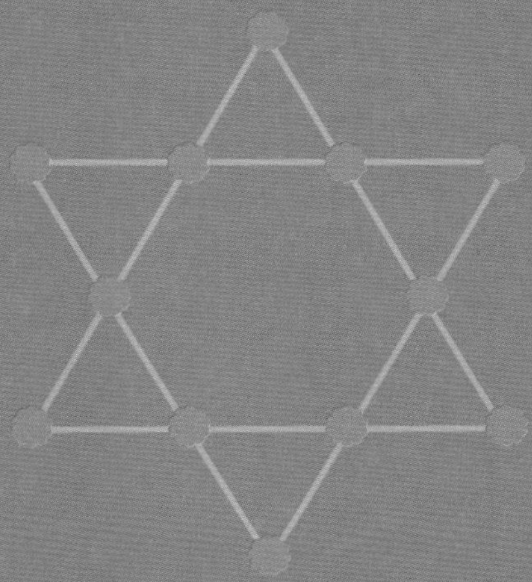

警察追盗贼

警察在追捕一个盗贼。这个盗贼个子矮，跨步非常小，警察跑 2 步的距离，盗贼要跑 5 步。但这个盗贼行动敏捷，警察跑 5 步的时间，该盗贼可以跑 8 步。最开始盗贼在警察前 27 步处逃跑，那么警察需要跑多少步才能逮捕这个盗贼呢？

三人分酒

甲、乙、丙 3 人平均出钱买了 21 瓶酒。一起喝酒之后，其中 7 瓶被喝光，另外有 7 瓶还剩一半，7 瓶没开封。现在 3 人即将分别，于是将酒和酒瓶一起瓜分。如果每人分得的瓶数相等，酒量也相等，而且不能将瓶中的酒倒出来，该怎样分呢？

从错误到正确：三牲共草

有一位资深的数学老师，在黑板上给学生讲题时故意出错，遭到了学生们的嘲笑，但这位数学老师却微微地笑着说："只给你们看对的，没有什么益处。"

看起来是老师在解嘲，但仔细想想，这句话却可以给我们一些启发。我们解决问题的过程，就像发明家发明新事物可能会经历多次失败一样。

但这个试错的过程，教科书上不会写，就是老师也很少会告诉你。上面提到的这位老师在黑板上解题由错到对的过程，就是试错的过程。

三牲共草

一头牛、一匹马和一只羊来到一片茂密的草地上。牛根据经验说道："这片草地可以供我和马兄吃 45 天；供我和羊妹吃 60 天；马兄和羊妹可以吃 90 天。"现在只知道马和羊每天的食量和，同牛每天的食量相等。那么，这片草地可以供牛、马、羊三牲共同吃几天？

第一次求解

我们可先找 45，60，90 的最小公倍数 180，再将这片草地的面积设为 180 平方米，那么牛、马每天共吃草 4 平方米，牛、羊每天共吃草 3 平方米；马、羊每天共吃草 2 平方米。计算可知牛、马、羊每天共吃草 $(4+3+2)\div2=4.5$ 平方米。于是得到答案：$180\div4.5=40$ 天。

验算

依题验算，牛每天的食量是 $4.5-2=2.5$ 平方米，而马和羊每天吃 2 平方米，不符合题意。所以，上述解法是错的。

……

经过试错，可得正确解法，见下一页。

正确答案

因为马、羊每天的食量和等于牛的食量，又一牛一马可合吃 45 天，我们将一牛换为一马一羊，故二马一羊可吃 45 天，二马一羊每天共吃草 $\frac{1}{45}$。第一次求解时算得一马一羊每天共吃草 $\frac{1}{90}$，则二马二羊每天共吃草 $\frac{1}{90}\times 2=\frac{1}{45}$。

到这里，你是不是有疑问，所吃的草都是 $\frac{1}{45}$，为什么多了一只羊？这只羊不吃草吗？仔细一想，不觉恍然大悟。原来题目中所说草地上的草的数量并非固定不变的，而是逐日在新生的。但是之前的算法，却主观地将草的数量默认为固定不变，这就是造成错误的原因。

所以，二马二羊每天共吃草是 $\frac{1}{45}$，多的一羊，并非不吃草，而是可看作吃新生的草，于是牛、羊每天共吃草 $\frac{1}{60}$，实际是牛每天独吃原有草的 $\frac{1}{60}$；马、羊每天共吃草 $\frac{1}{90}$，实际是马每天独吃原有草的 $\frac{1}{90}$。

综上，牛、马每天共吃原有草 $\frac{1}{60}+\frac{1}{90}=\frac{1}{36}$，羊则吃新草，新旧草全部吃完，所需的天数应是 $1\div\frac{1}{36}=36$（天）。

益智谜题

火柴难题

用 18 根火柴排成两个四边形，使得一个四边形的面积恰为另个一四边形的 3 倍。但所用的火柴不能折断，不能重叠，而且各端必须衔接。

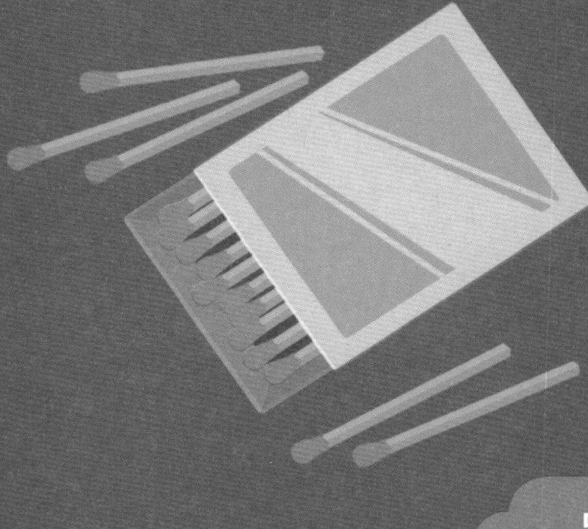

认清对象：环行地球

着手研究问题，应该先要认清研究的对象。

“一只羊有 2 只角，一锤敲掉 1 只角，还有几只角？”这个问题的对象是羊的角，敲掉 1 只，当然剩 2−1=1 只，是毫无疑问的。

“一张三角形的纸，一剪刀剪去 1 个角，还有几个角？”这个问题的对象仍旧是角，但仍用减法计算是不对的，它的研究对象不是羊的角而是纸的角，答案应该是 3+1=4 个角。

“一块长方体木块，共有 8 个角，用锯锯掉了 1 个角，还有几个角？”这里的对象又换成了长方体的角，其答案既非 8−1=7，又非 8+1=9，而应该是 8−1+3=10 个角。

环行地球

假设我们在地球的赤道上建设一条环球大铁路，我们乘坐火车从铁路上的某一地点出发，由东向西行驶绕赤道一周。若铁路全长——赤道的周长——是 40000 千米，火车每一昼夜行驶 4000 千米。那么，当火车环行地球一周再回到出发点时，你能看到几次日出？

相信很多人立马算出了答案：40000÷4000=10 个昼夜，正好是 10 个日出。

这个答案显然不对，因为认错了研究对象。

火车环行地球一周所用的时间确实是 10 个昼夜，但是火车上看到的日出次数却不是 10 次！火车环行地球一周需 10 个昼夜，通常每一昼夜的准确时间是 24 小时，人们总是以地球自转一周（太阳出没一次）为一昼夜。但火车里的人并不是见到太阳出没 10 次！

因为地球在自转，一昼夜就是地球自转一周。你可以这样想：在 10 个昼夜中太阳从东向西绕地球走了 10 周，同时火车里的人也从东向西绕地球走了一周，所以火车里的人感觉到太阳绕地球仅 9 周，见到太阳出没仅 9 次，所以火车回到原点时，你能看到 9 次日出。

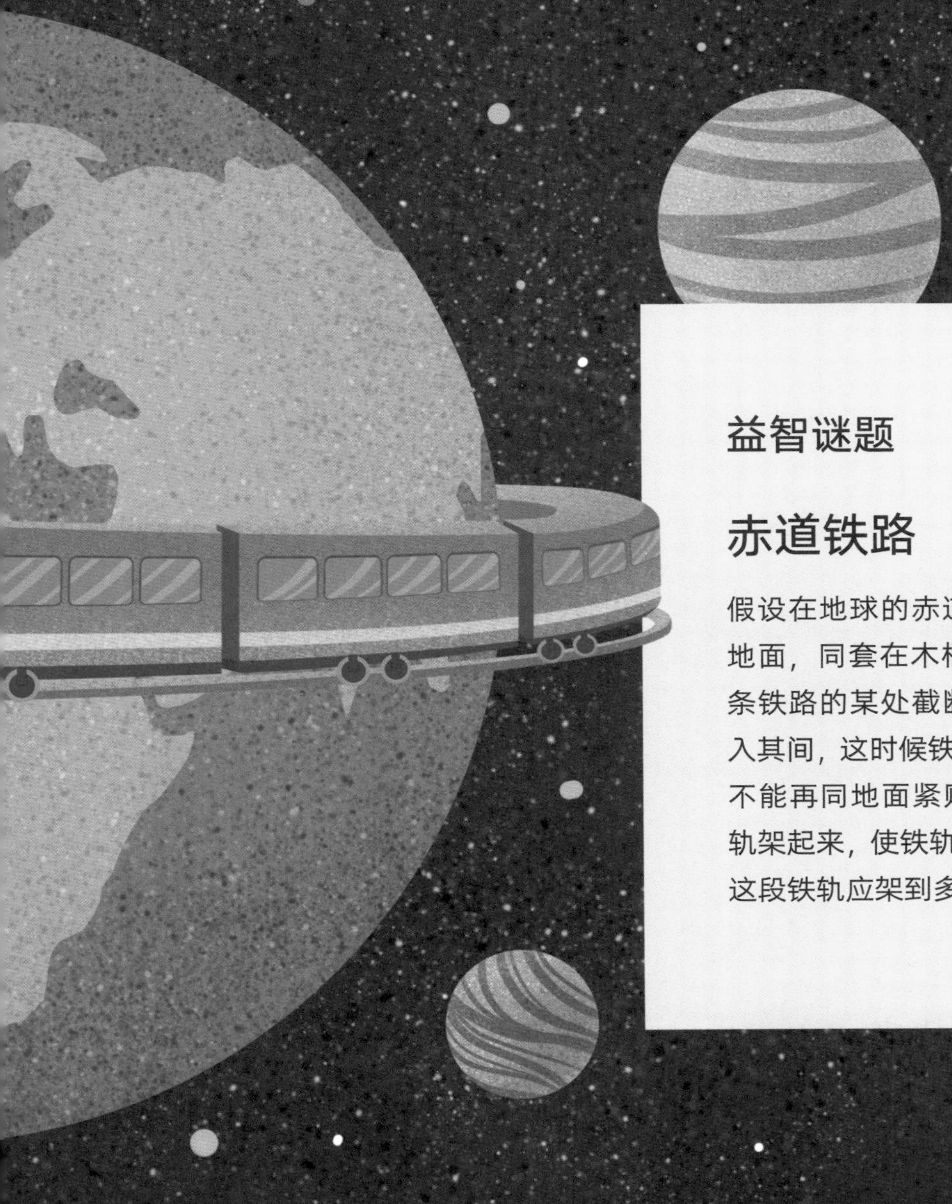

益智谜题

赤道铁路

假设在地球的赤道上建设一条铁路，紧贴着地面，同套在木桶上的铁箍一样。现在把这条铁路的某处截断，另取 6 千米长的铁轨接入其间，这时候铁路的全长就增加了 6 千米，不能再同地面紧贴。如果用水泥桩将这段铁轨架起来，使铁轨的各部分同地面距离相等，这段铁轨应架到多高？

按部就班：巧搬家具

巧搬家具

一位绅士家有 6 间房（如右图所示），每间房都互通。正上方是出入之所；右上方是会客室，有一大餐桌；左上方是书房，有大书架；正下方为卧室，有大床；右下方为储藏室，有铁箱；左下方为娱乐室，有钢琴。绅士的妻子喜欢深夜练琴。为了不让琴声妨碍自己休息，绅士想把书房同娱乐室交换，把卧室同储藏室交换。如果每个房间内的家具只能在室内移动，且每间房内只能容纳一件家具，该怎样移动家具，才能最快达到绅士想要的结果呢？

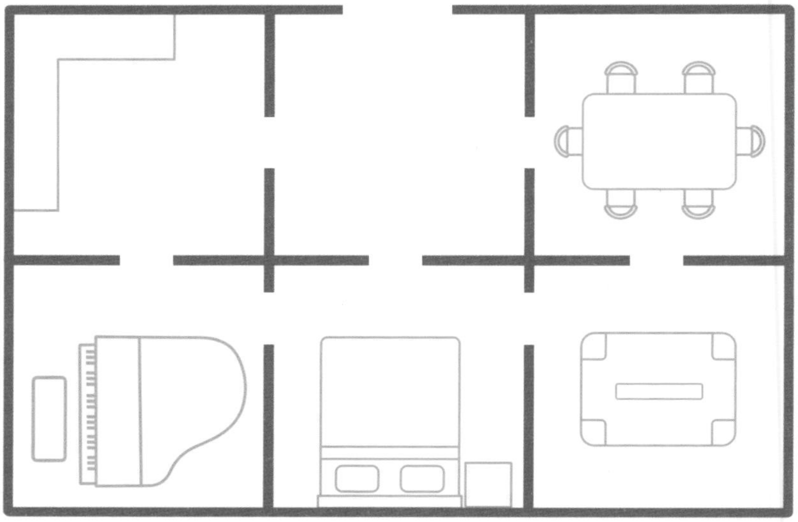

科学的态度是做事有计划，按部就班地逐步解决问题，节省时间。

答案：

巧搬家具

最少搬移 18 次。顺序是床、琴、架、床、琴、椅、桌、琴、床、架、椅、床、琴、桌、床、椅、架、琴。

益智谜题

1	5	9	13
2	6	10	15
3	7	11	14
4	8	12	

图 1

4	3	2	1
8	7	6	5
12	11	10	9
	15	14	13

图 2

数字华容道

有一个表面为正方形的木匣，里面共有 16 个同样大小的空格。现将 1~15 个数字块按照图 1 的顺序排列在匣里。如果要将木匣里面的数字块调整为图 2 的形式，该怎样移动这些数字块呢？

逆推分析法：老农分田

解决实际问题，最常用的方法即根据已知条件推导出结论，但有些问题是已知结论，需要推导这个结论是否正确。遇到这样的问题，必须研究该结论的成立需要哪些条件。如此逆推，直到同已知的条件或真理相符为止。

老农分田

甲、乙两位老农要分一块三角形的农田（△ ABC），在这块田的一边上有一个用于浇水的涵洞（D 点），请你过涵洞画一条直线，把这块田分为面积相等的两份。三角形农田的边长如图所示。

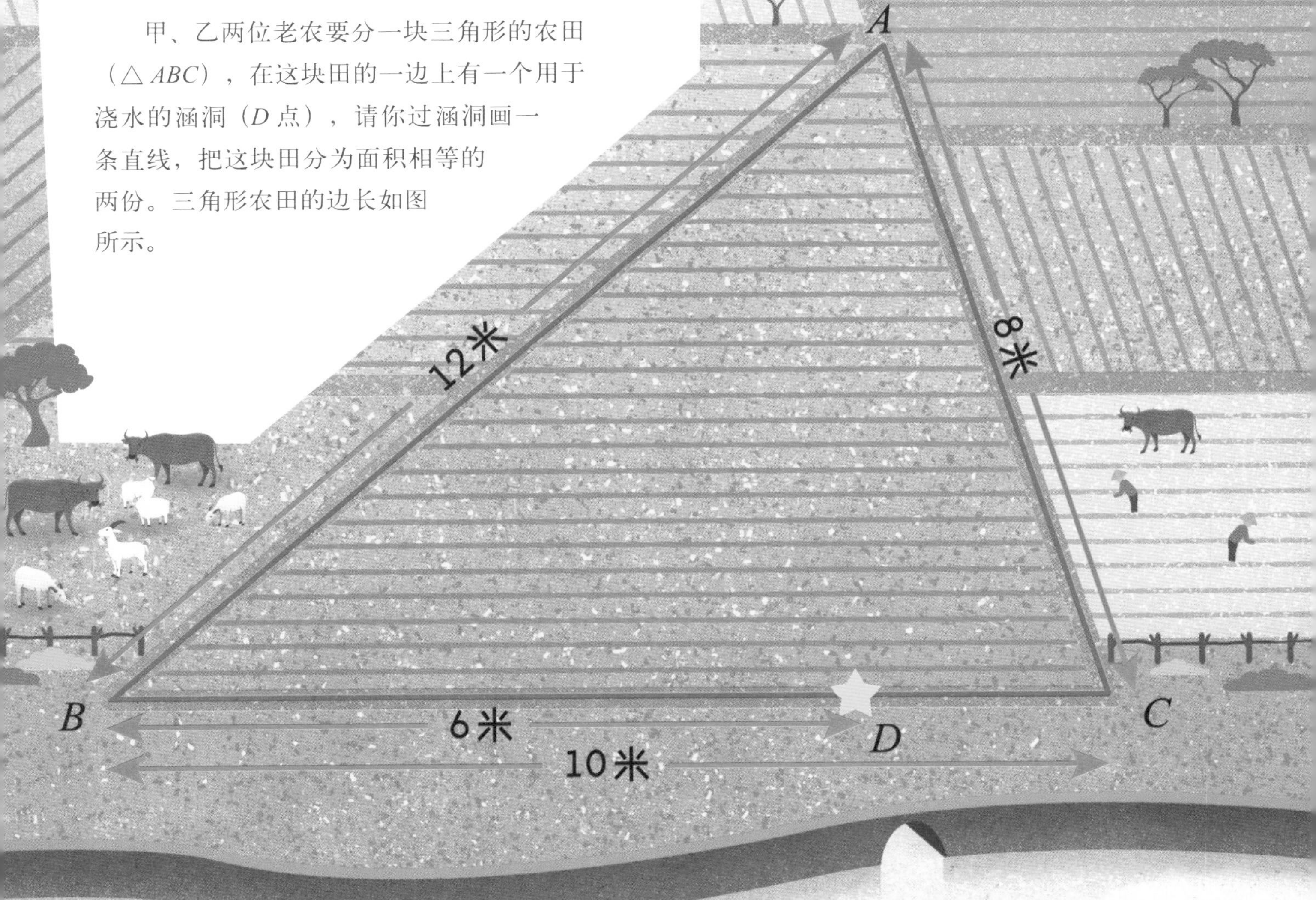

我们用逆推分析法解决这个题目。先把题目中的农田抽象为下面的简图。

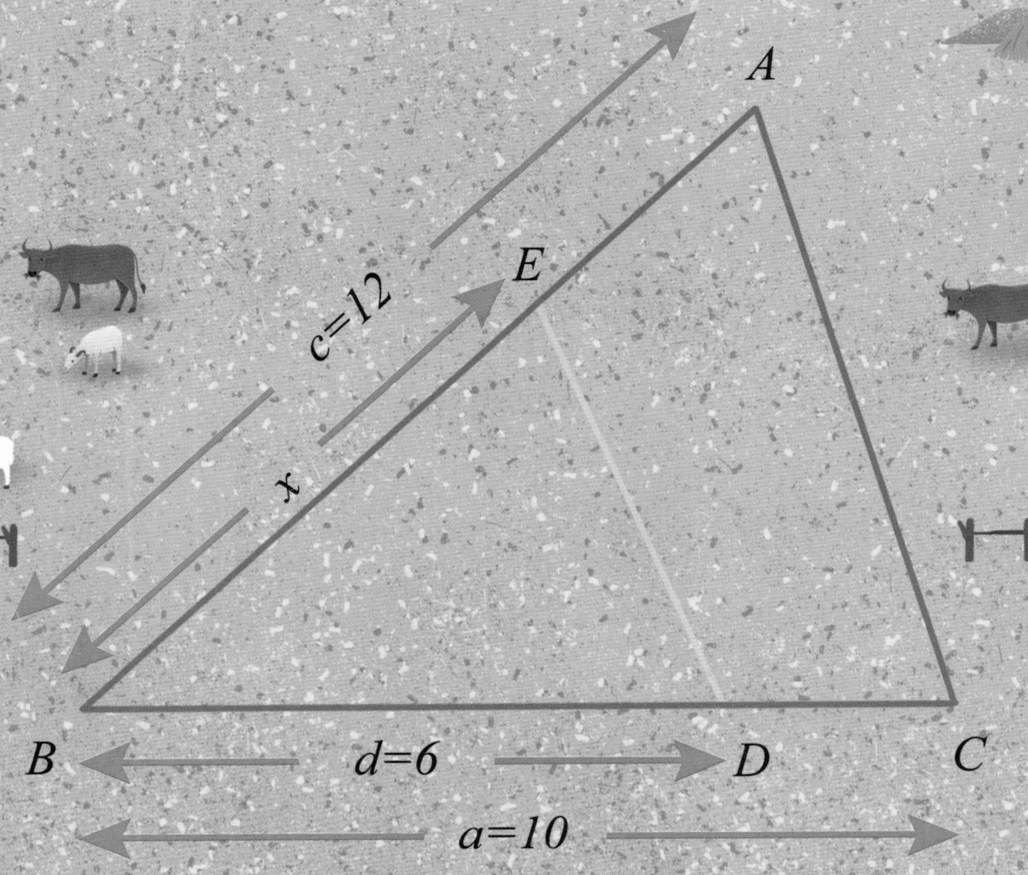

1. 我们假设 DE 可以将三角形农田分为面积相等的两部分，那么

$$S_{\triangle ABC}=2S_{\triangle EBD}$$

2. 在 $\triangle ABC$ 中，$\angle B$ 的两边长 $BC=a=10$ 米，$AB=c=12$ 米。在 $\triangle EBD$ 中，$\angle B$ 的一边 $BD=d=6$ 米，我们设法求 $\angle B$ 的另一边长 x 就能得到答案。

3. 根据定理“一角相等的两三角形面积之比，等于夹等角的二边相乘积之比”，得

$$S_{\triangle ABC} : S_{\triangle EBD}=ac : dx。$$

即 $ac : dx=2 : 1$

$10\times12 : 6x=2 : 1$

由此可知 x 的长度是 10 米，即在距离三角形农田 B 点 10 米处的 E 点与涵洞 D 点画一条直线，即可将三角形农田分为面积相等的两部分。

益智谜题

鼹鼠挖洞

有一只鼹鼠在挖地洞。已知鼹鼠身高 5 厘米，现在洞深还没没过鼹鼠，且鼹鼠的头露出地面。若继续挖 2 倍于现在的深度，挖好后鼹鼠站在里面，头顶与地面的距离是现在头顶高出地面距离的 2 倍。你知道鼹鼠挖好的洞深多少吗？

化归法：百鸡题

我们遇到的新问题，很多时候可以用已知的方法解决。这种“化归”的方法，可以帮我们省去很多时间。

吃馒头

农场里有 100 人，他们每天吃 100 个馒头。成年人每人吃 3 个，小孩 3 人合吃 1 个，问成年人和小孩分别有多少人？

解析：

假设农场里都是成年人，每天共吃馒头 $100\times3=300$ 个，但现在少了 $300-100=200$ 个，因为有 1 个小孩便少吃馒头 $3-\frac{1}{3}=2\frac{2}{3}$ 个，所以小孩共有 $200\div2\frac{2}{3}=75$ 人，成年人有 $100-75=25$ 人。

百鸡题

100 元钱可以买 100 只鸡，公鸡每只 5 元，母鸡每只 3 元，小鸡 3 只 1 元，问 3 种鸡各几只？

《张丘建算经》中说：“鸡翁增四，鸡母减七，鸡雏益三，即得。”

仔细一想，你会发现，这百鸡题同吃馒头题是相似的，我们可以用吃馒头题的方式解答该题，再根据张丘建的增减规律得到答案。

吃馒头题中是 2 个对象，百鸡题是 3 个对象，把百鸡题中的 3 种鸡改为 2 种，即同吃馒头题完全一样：

100 元钱买 100 只鸡，母鸡每只 3 元，小鸡 3 只 1 元，问母鸡、小鸡各几只？

（答案很容易得到，即母鸡是 25 只，小鸡是 75 只。）

根据《张丘建算经》的增减规律，可得如下 3 个答案：

第 1 个答案：公鸡 0+4=4 只，母鸡 25−7=18 只；小鸡 75+3=78 只。

继续增减，得第 2 个答案：公鸡 4+4=8 只；母鸡 18−7=11 只；小鸡 78+3=81 只。

继续，第 3 个答案：公鸡 8+4=12 只；母鸡 11−7=4 只；小鸡 81+3=84 只。

分别验算，都正确。

若再增减，母鸡数要成负数，当然是不合理的，所以答案为上述 3 个。

为什么经过了这样的增减，就得到了答案呢？研究一下，知道公鸡增四，需要 20 元；小鸡增三，需要 1 元；增加的鸡共计 7 只，共需 21 元；同时，减少的母鸡也是 7 只，也是 21 元。

增减数的过程张丘建在书中没有介绍，但我们可以用代数式求解，因过程较为复杂，此处不再详细描述。感兴趣的读者可尝试用代数的方式推算。

益智谜题

百卵百元

100 元钱可以买 100 个蛋，鹅蛋每个 5 元，鸭蛋每个 3 元，鸡蛋 2 个 1 元。3 种蛋各几个？

举一反三：巧分四边形

这里有一个几何作图题：从四边形 $ABCD$ 的一边 BC 上的一已知点 E，画两条直线，把四边形 $ABCD$ 分成三等份。

①等积变形法

如图 1，连接 EA、ED，作 EA、ED 的平行线，各交 DA、AD 的延长线于 F、G，变四边形 $ABCD$ 为等积的△ EFG．再三等分 FG 于 H、K，连接 EH、EK 即可。

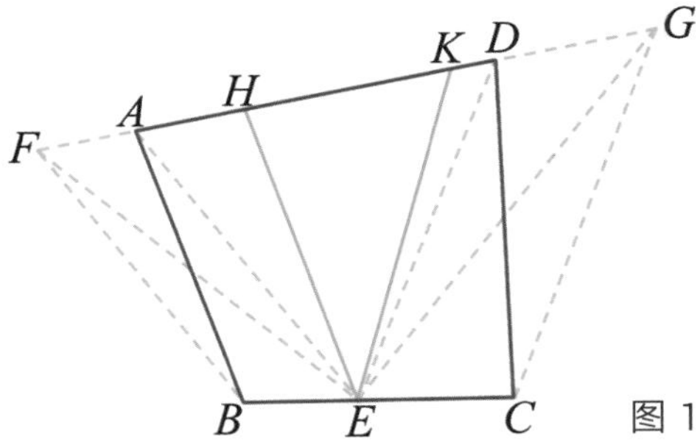

图 1

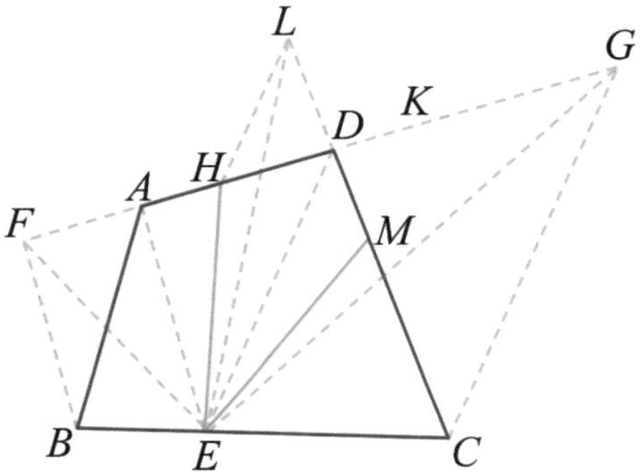

图 2

②我们换一种场景，如①中将 FG 三等分后，假设 K 点不在 AD 边上，EK 就不是所求的直线了。这时候我们需要设法在 CD 边上另求一点才可以。于是如图 2，作 $HL \parallel ED$，交 CD 的延长线于 L，变四边形 $ECDH$ 为等积的△ ECL。再平分 CL 于 M，连接 EM 即可。

③如果 H、K 两点均不在 AD 边上呢？（因过程较为复杂，此处略。感兴趣的同学可以试一试。）

解决任何问题都不能死记硬背解题步骤，因为随着题目的变化，解法也会随之变化，所以要学会举一反三。

益智谜题

过河游戏

夫妻 2 人带着自己的 2 个孩子以及 1 只狗在玩过河游戏。河上只有一艘可以载重 100 斤的船。夫妻 2 人分别重 100 斤，2 个孩子分别重 50 斤，狗重不到 50 斤。他们怎样才能最快地渡河呢？

深入浅出：0 的漫谈

复杂的定理往往比较难理解且不易记住，但若用浅显的事例来比喻，就很容易记牢。

假设张三有 10 元钱，李四没有钱，但李四假装慷慨，说要把自己的钱全部送给张三，那么张三仍旧只有 10 元钱（10 元 +0 元）。

假设张三大发慈悲，把所有的钱都给了李四，那李四就有了 10 元（0 元 +10 元）钱。

假设张三、李四都没有钱，但还是假装把自己的钱给对方，那怎样给，两人都还是只有 0 元（0 元 +0 元）钱。

这是关于 0 的加法。

假设张三有 10 元钱，想去买东西结果没有买成，那张三依然有 10 元（10 元 -0 元）钱。

假设张三没有钱，想买价值 10 元的某物，当然买不成，但是向人借了 10 元债，结果负了 10 元（0 元 -10 元）债，得到一个负数。

假设张三原来没有钱，想去买东西又没有买，那张三依然只有 0 元（0 元 -0 元）钱。

这是关于 0 的减法。

张三工作一天可得 10 元，这一天生了病，他没去上班，那他这一天的工资就是 0 元（0 元×1）。

如果他病了 10 天，这 10 天内一天也没有拿到工资，那么这 10 天他的工资就是 0 元（0 元×10）。

这是关于 0 的乘法。

关于 0 的除法，0 不能做除数。

归纳法：餐桌礼仪

事物的规律通常都是先从最简单的着手研究，再逐渐推解繁复问题，这种由特殊到一般的方法就是归纳法。

餐桌礼仪

中国是礼仪之邦，尤其体现在餐桌文化上。一张八仙桌，座位也分主次。每逢请客，总是你推我让，谁都不肯坐主位（此处用1位表示，其他位次按2位，3位……顺排）。

这张八仙桌周围坐的8个人，推来让去，究竟可以有多少种落座方式呢？也许你认为也就几十上百种，岂知不然，计算一下，竟有40320种。

1. 我们可以从最小的数开始研究，1个人当然无需调坐，仅有1种落座方式。

2. 假设有2个座位，*a*和*b* 2人调坐，这很简单，不是*a*坐1位，*b*坐2位，就是*b*坐1位，*a*坐2位，一共2种落座方式。

3. *a*、*b*、*c* 3人3个座位调坐，可以列一个表：

1位	*a*	*a*	*b*	*b*	*c*	*c*
2位	*b*	*c*	*a*	*c*	*a*	*b*
3位	*c*	*b*	*c*	*a*	*b*	*a*

1位可以坐*a*、*b*、*c*中的任一人，3种坐法；确定1位后，还剩下两个人，2位有2种坐法；3位有1种坐法。共1×2×3=6种落座方式。

4. 4个座位4人调坐，看下表就明白（为方便书写，1位相同的人放一列）：

1位	*aaaaaa*	*bbbbbb*	*ccccccd*	*ddddd*
2位	*bbccdd*	*aaccdd*	*aabbdd*	*aabbcc*
3位	*cdbdbc*	*cdadac*	*bdadab*	*bcacab*
4位	*dcdbcb*	*dcdaca*	*dbdaba*	*cbcaba*

同上3种所述规律，共1×2×3×4=24种落座方式。

5. 5个座位坐5个人时……同理：算得有1×2×3×4×5=120种落座方式。

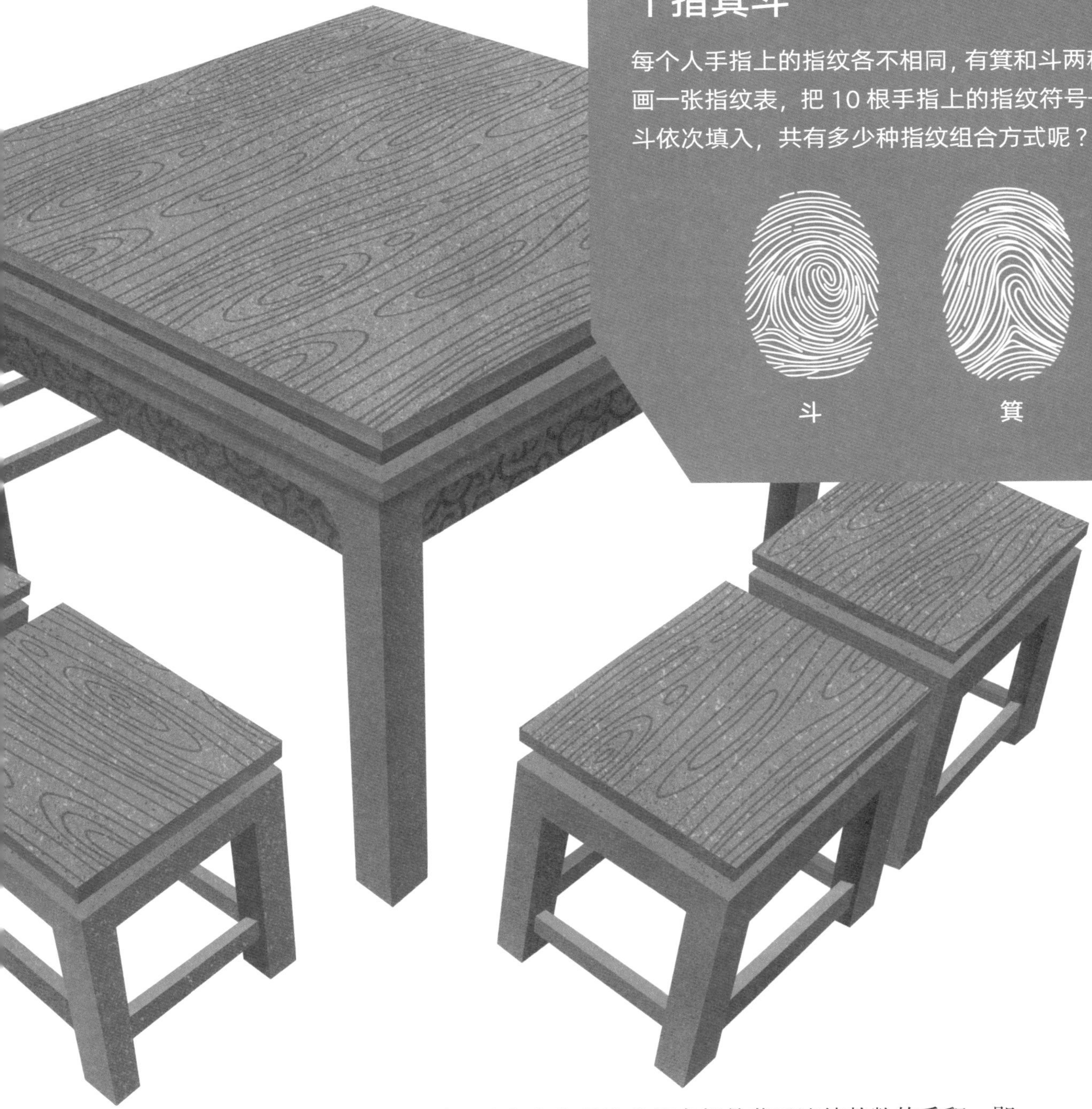

益智谜题

十指箕斗

每个人手指上的指纹各不相同，有箕和斗两种指纹。画一张指纹表，把 10 根手指上的指纹符号——箕、斗依次填入，共有多少种指纹组合方式呢？

将上面的举例进行归纳，我们会发现这些答案都是若干连续整数的乘积，即

$2=1\times2$

$6=1\times2\times3$

$24=1\times2\times3\times4$

$120=1\times2\times3\times4\times5$

以小喻大，就可推得 6 个人 6 个座位的落座方式是 $1\times2\times3\times4\times5\times6=720$ 种；

7 个人是　$1\times2\times3\times4\times5\times6\times7=5040$ 种。

8 个人是　$1\times2\times3\times4\times5\times6\times7\times8=40320$ 种。

寻求事物的规律：七兄值日

科学研究的门类虽多，不过也是在寻求事物的规律罢了。我们在日常生活中只要随处留心，也能发现这些事物所依从的规律。

【组合规律】

从一堆东西里取出若干件来，作各种不同顺序的排列且不能重复，则排列的种数等于若干个连续整数的乘积，这连续整数的个数等于取出的件数，连续整数中的最大一个等于原有的件数。

七兄值日

假设你有兄弟共 7 人，每天早晨要从你们 7 人选出 3 人整理房间：1 人扫地，1 人抹桌椅，1 人擦窗户，要公平地轮值下去。每天选出的 3 人依次变换，工作的种类也依次变换。这样的话，每个人轮值一遍需要多少天呢？

我们可以先以简单的方式入手，因为有 3 项工作，我们假设有兄弟 3 人（*a*、*b*、*c*），每个人轮值一遍的话：

扫地	*a*	*a*	*b*	*b*	*c*	*c*
抹桌椅	*b*	*c*	*a*	*c*	*a*	*b*
擦窗户	*c*	*b*	*c*	*a*	*b*	*a*

共有 6 种轮值方式，即每个人轮值一遍需要 6 天（3×2×1）。

假设有兄弟 4 人（*a*、*b*、*c*、*d*），每个人轮值一遍：

扫地	*a*	*a*	*a*	*a*	*a*	*a*	*b*	*b*	*b*	*b*	*b*	*b*	*c*
抹桌椅	*b*	*c*	*b*	*d*	*c*	*d*	*a*	*c*	*c*	*d*	*a*	*d*	…
擦窗户	*c*	*b*	*d*	*b*	*d*	*c*	*c*	*a*	*d*	*c*	*d*	*a*	…

同 *a* 和 *b* 的情况一样，*c* 和 *d* 也各有 6 种情况，即兄弟 4 人共有 4 × 3 × 2=24 种轮值方式，即每个人轮值一遍需要 24 天。

同理，兄弟 5 人，每个人轮值一遍需要 5×4×3=60 天。

兄弟 6 人需要 6×5×4=120 天。

兄弟 7 人需要 7×6×5=210 天。

明察秋毫：得失桌布

古语说："失之毫厘，谬以千里。"意思是忽略了极微细的一点，会发生很大的错误。所以我们在观察和实验的时候，就特别需要保持理智，明察秋毫，才能得出正确的结果。

得失桌布

一个人在商店买了一张正方形的桌布（如下图 1 所示），边长 13 厘米，面积就是 169 平方厘米。回家后，这个人用剪刀把正方形桌布剪了 3 刀，分成了 4 块，重新拼成一张长 21 厘米、宽 8 厘米的长方形桌布（如下图 2 所示）。这时候又算得总面积是 168 平方厘米，比原来正方形的桌布少了 1 平方厘米。

这个人认为受了欺骗，立刻到商店去交涉。店老板也不明所以，只得再给他换了一张同样的桌布。

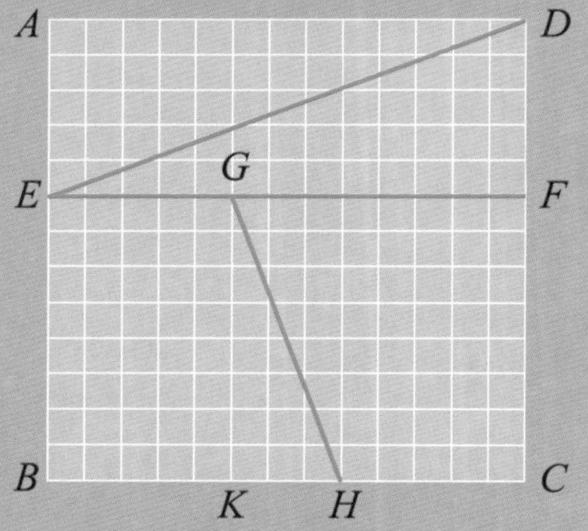

图 1

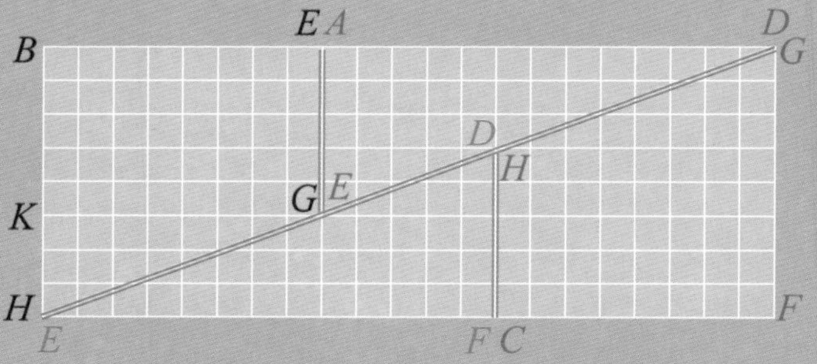

图 2

那么，1 平方厘米的桌布去了哪呢？

我们把正方形桌布按照 EF、ED、GH 三条直线剪 3 刀，拼成图 2 的形状。的确很奇怪，原来的面积是 13×13=169 平方厘米，突然就变成了 21×8=168 平方厘米，怎么少了 1 平方厘米呢？

如上页图 1 所示，设在 BC 边上距 B 5 厘米的一点是 K，在△ DAE 和△ GKH 中，因为∠ DAE= ∠ GKH（直角），AD ∶ AE=13 ∶ 5=39 ∶ 15，GK ∶ KH=8 ∶ 3=40 ∶ 15，所以，AD ∶ $AE \neq GK$ ∶ KH。那么，△ DAE 和△ GKH 不相似（两三角形的一角相等，夹这角的边成比例则相似，夹角边不成比例则不相似）。

∠ AED <∠ KHG（因 $AD=\frac{39}{15}AE$，$GK=\frac{40}{15}KH$，故 AD 的对角必小于 GK 的对角）。

又因∠ KHG+ ∠ EGH=180°（平行线间的同旁内角相补），故∠ AED+ ∠ EGH < 180°（代入）。

于是在上页图 2 中的 HG 和 ED 不能成一条直线，拼成的长方形中，虽是两对角的 H 和 E 相合，D 和 G 相合，但中间的线不能相合，有一部分的面重叠起来，略如下图 3 所示的形状。

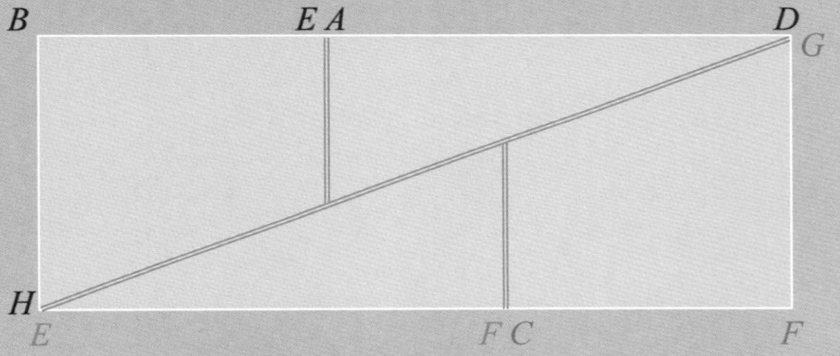

图 3

而它的面积，四边形 $EBHG$ 和四边形 $GHCF$ 都是梯形，面积都等于 $\frac{8\times(5+8)}{2}$=52 平方厘米；△ AED 和△ DEF 的面积都等于 $\frac{13\times5}{2}$=32.5 平方厘米，总面积是 52×2+32.5×2=169 平方厘米，丝毫也没有减少。

所以，真相就是，这 1 平方厘米的桌布躲藏在重叠的地方，只是我们用肉眼不容易发现罢了。

图解算术：万能的直线

天下的事理，有许多是彼此息息相关的。我们如能把它们融会贯通起来，不但在学习方面可以得到不少便利，有时还会借此发现新的学理和新的方法。

就数学方面来举例，几何的直线、代数的方程和算术的比例，就可以融会贯通：算术中的统计图表画出来多是折线，但在成正比例的两种数量中，折线成为直线了。代数中的一次整式是可以用直线表示的，于是一次方程式就可以利用直线的图形来求得答案了。也就是解算术的正比例问题，可以仿照代数利用图解；算术中的其他问题，凡是能化作与比例问题具有同样性质的，也都可以利用图解。

于是我们可以创造一种新颖的"图解算术"，用来解决大多数的四则运算应用问题。

比例题

工人织布，4 天可以织 6 米，10 天可以织几米呢？

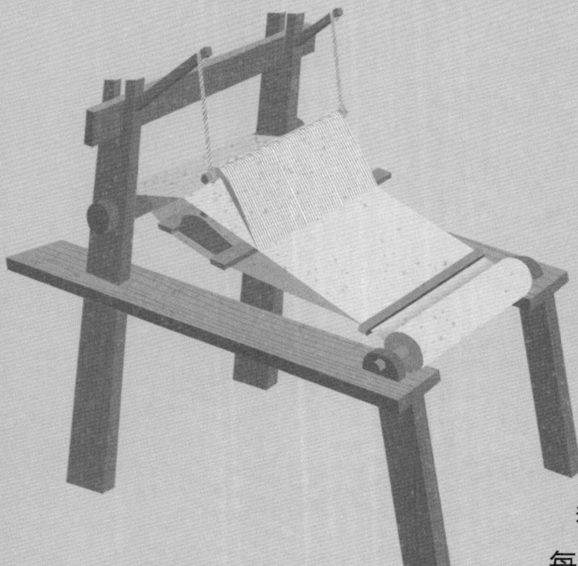

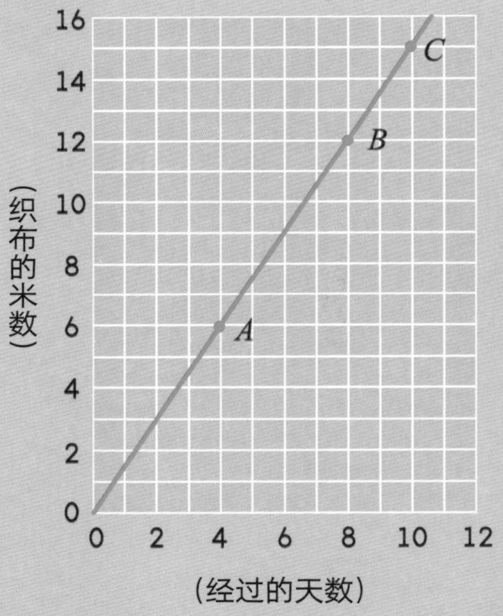

我们利用图解的方法来解决这个题目。上图中自左向右每移一格代表经过 1 天，自下而上每移一格代表织布 1 米，由"4 天可以织 6 米"取得 A 点。因时间加倍，所织的布的长度也加倍，故由"8 天织 12 米"又得 B 点。过 A、B 两点画一条直线，这条直线上有一点 C 恰和下方的天数 10 相对，C 点对应的是长度 15 米，于是知道 10 天可以织 15 米。

盈亏题

几个小朋友分糖，每人分 3 粒，多 8 粒；每人分 6 粒，少 4 粒，每人分几粒正好分完呢？

我们利用图解的方法来解决这个题目。右图中加粗的红色横线表示每人分糖的粒数，黑色箭头表示按照要求分糖后剩余的糖的粒数，竖线向上 1 格代表多余 1 粒，向下 1 格代表少 1 粒；自左向右每一格代表每人分糖 1 粒。于是由“每人分 3 粒多 8 粒”得到 A 点，由“每人分 6 粒少 4 粒”得到 B 点，连接两点形成一条直线，与红色横线交于 C 点。因为 C 点在红色横线上，表示刚好，所以我们可以知道每人分 5 粒糖正好分完。

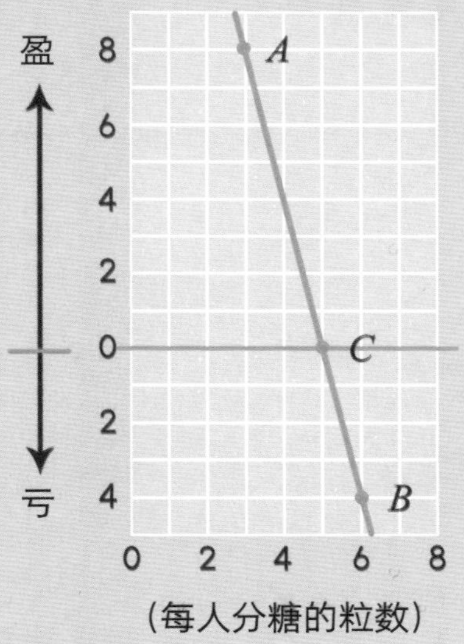

【做一做】

若上题问的是小朋友有多少人呢？

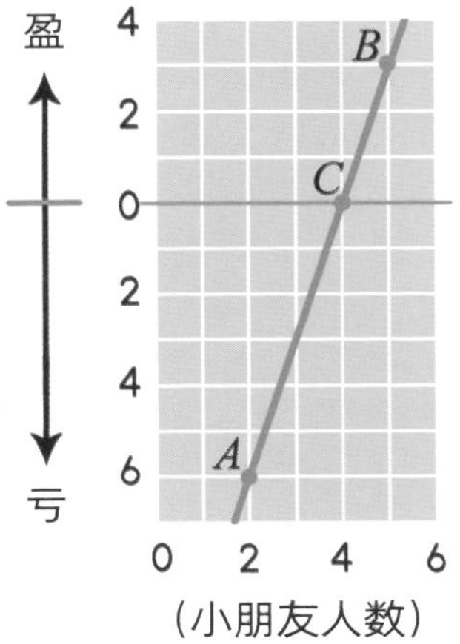

答案：我们可以假设小朋友有 2 人，由“每人分 3 粒多 8 粒”可知应有糖 3×2+8=14 粒，由“每人分 6 粒少 4 粒”可知应有糖 6×2-4=8 粒，前后不相等，后者亏 14-8=6 粒。

同样假设小朋友有 5 人，由“每人分 3 粒多 8 粒”可知应有糖 3 × 5+8=23 粒，由“每人分 6 粒少 4 粒”可知应有糖 6 × 5-4=26 粒，后者盈 26-23=3 粒。于是由“2 人亏 6 粒”取得 A 点，“5 人盈 3 粒”取得 B 点，连一直线，得交点 C，可知小朋友有 4 人。

和差题

一大一小两个数的和是 23，差是 5。求这两个数。

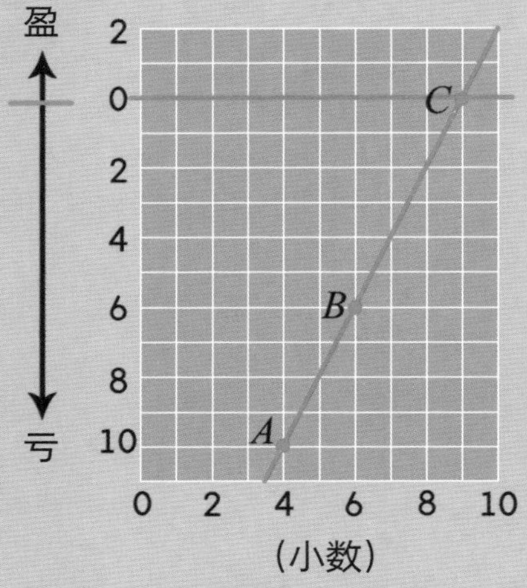

我们利用图解的方法来解决这个题目。随意假设小数是 4，因两个数的差是 5，故大数应该是 4+5=9，那么两个数的和是 4+9=13，比题目中的和 23 亏 23-13=10。再假设小数是 6，则大数是 11，两数的和是 17，又比题中的和亏 6。于是由“小数 4 亏 10”取得 A 点，“小数 6 亏 6”取得 B 点，连一直线，根据交点 C 可知小数是 9，于是大数即为 9+5=14。

年龄题

今年父亲 25 岁，儿子 5 岁。几年后父亲的年龄是儿子年龄的 3 倍？

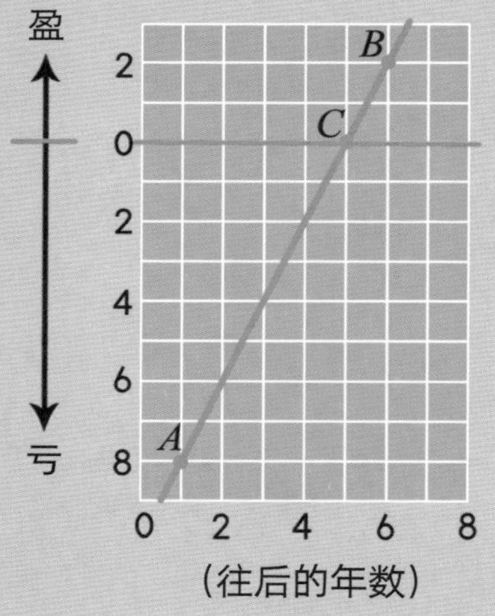

我们利用图解的方法来解决这个题目。假设 1 年后父亲年龄是儿子年龄的 3 倍，那时儿子年龄为 5+1=6 岁，父亲年龄为 6×3=18 岁，于是今年父亲年龄是 18-1=17 岁，比题目中的年龄亏 25-17=8 岁。再假设 6 年后父亲年龄是儿子年龄的 3 倍，那时儿子年龄为 11 岁，父亲年龄为 33 岁，那么今年父亲年龄为 27 岁，比题目中盈 2 岁。由“1 年后亏 8”得 A 点，“6 年后盈 2”得 B 点，连一直线，由交点 C 知道，在 5 年后父亲的年龄是儿子年龄的 3 倍。

分数题

某人抄写，第一次抄写了总页数的$\frac{1}{3}$，第二次抄写了余下页数的$\frac{1}{2}$，还剩 7 页。这本书一共有多少页？

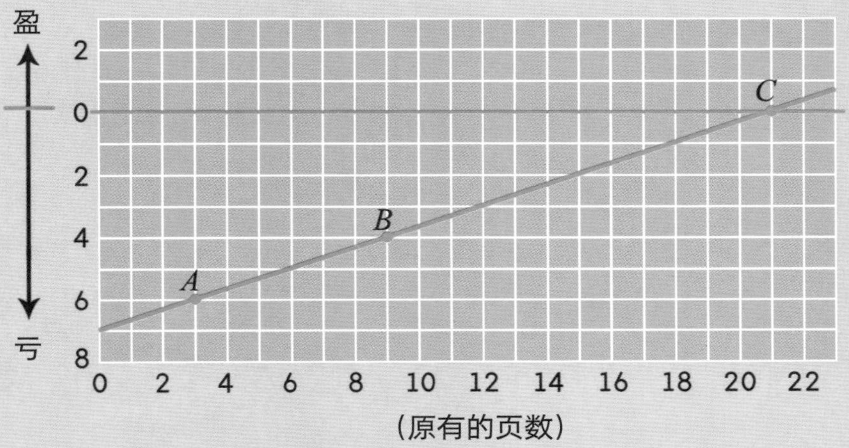

我们利用图解的方法来解决这个题目。假设这本书共有 3 页（注意所假设的数要能被分母约尽而得整数），那么第一次抄 $3\times\frac{1}{3}=1$ 页，剩 3-1=2 页，第二次又抄 $2\times\frac{1}{2}=1$ 页，剩 2-1=1 页，较题目中的页数亏 7-1=6 页。再假设原有 9 页，那么第一次抄 3 页，剩 6 页，第二次又抄 3 页，剩 3 页，仍亏 4 页。由“3 页亏 6 页”得 A 点，“9 页亏 4 页”得 B 点，连一直线得交点 C，可以得知这本书共有 21 页。

综上，图解算术的法则就是先假设几组数据，依题推算，看它比题目中的某一已知数盈几或亏几，求得两次（即两点）就能在图中画一条直线（万能的直线），根据直线与 0 所在的横线的交点得出答案。

益智谜题

神童分酒

甲和乙共同买了 800 克酒（如左图所示），他们想平均分开。现在他们只有 500 克和 300 克的两个杯子。二人正愁该怎样分，邻家神童来了，他把瓶中的酒在 3 个容器中倒来倒去，倒了多次后，正好把酒平分。这个神童是怎样将酒分开的呢？

去芜存菁：淘沙取金

人们在日常生活中往往碰到这样一种情形，就是要从众多的事物中选取自己所需要的一件或数件，而最好的方法是先把不需要的逐一去掉。这种方法叫作去芜存菁。

淘沙取金

我们要在一大堆的泥沙中选取极少量的金粒异常困难，但是我们可以用水淘洗，先使轻质的泥土随水漂去，接着筛除粗大的沙粒，然后重新淘洗，使质量重的的金粒沉在盆底的凹洼处，将沙粒全部淘去，就能得到所需的黄金。

下面这堆金块上面写有 1~50 以内的数字，写有质数的金块含金量比较高，请你找出含金量高的金块吧。

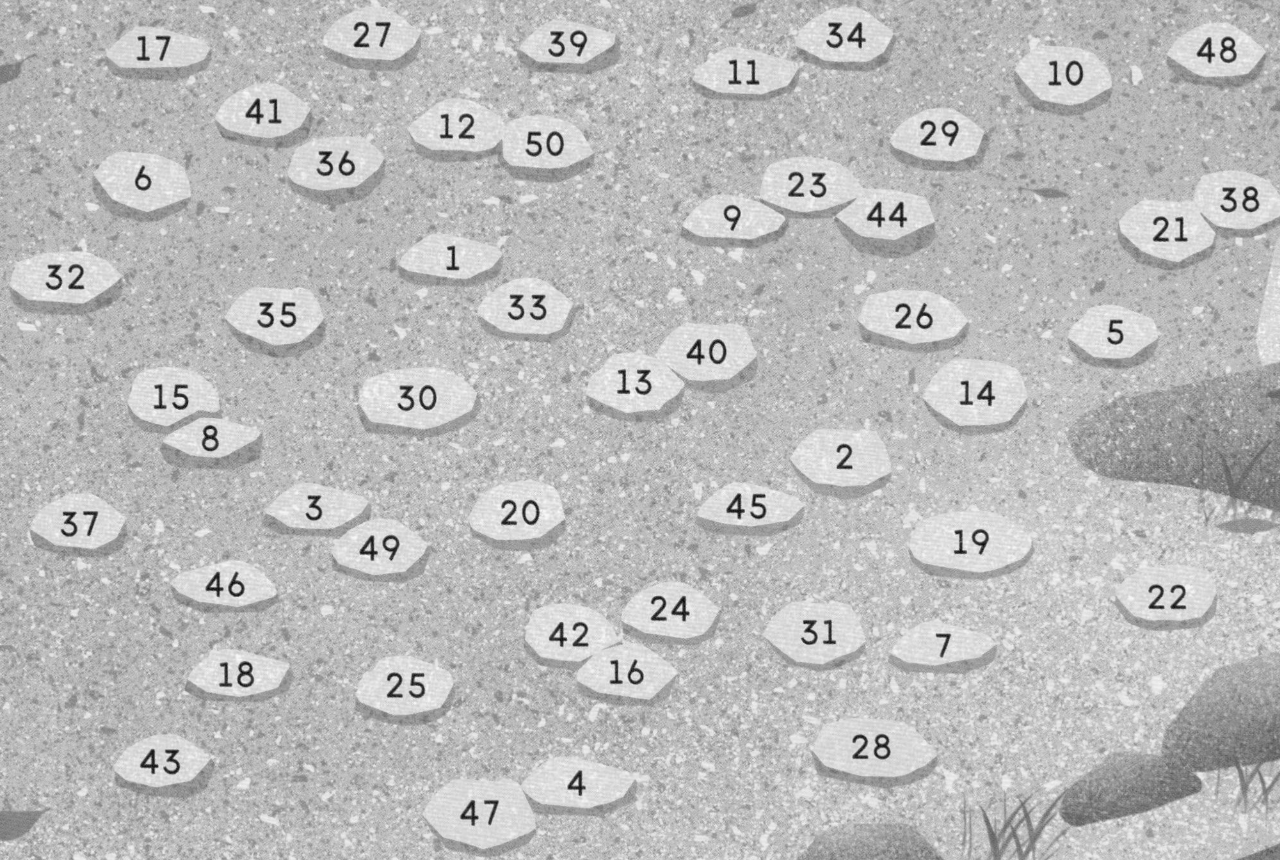

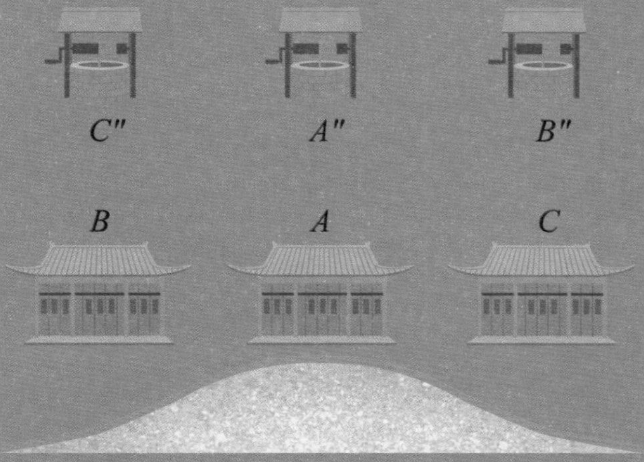

益智谜题

三家打水

A、*B*、*C* 三家各有一井，分别是 *A*″、*B*″、*C*″（位置如左图所示），三家各自在自家的水井中打水。现在三家约定打水的道路不能相交，三家该怎样去打水呢？（三家的房子后面有水池，不能通过）

答案：质数分别是 2，3，5，7，11，13，17，19，23，29，31，37，41，43，47。

顽童搬书

李先生买了一套《科学大全》，共 9 册，摆放在特制的书柜里（如上左图所示）。李先生的两个儿子都很顽皮，把书搬上搬下，移左移右，最后搬成如上右图所示的形式。上面一层 4 册，数码依次排成一个四位数 9327；下面一层 5 册，数码又排成一个五位数 18654，他们发现上下两层的数字构成的分数，约分后的值恰为$\frac{1}{2}$。如果重新进行排列，使所成分数的值仍是$\frac{1}{2}$，有多少种排列方式呢？

这个问题的要点如下：

（1）这个分数的分子是四位数，分母是五位数。

（2）这个分数约分后等于$\frac{1}{2}$。

（3）分子、分母中共计 9 位数字不能重复，且没有 0。

你可能会想到，把所有的四位数全都列举出来作分子，算出它们的 2 倍数作分母，凡含有重复数字或 0 的都去掉，那留下的就是所求的答案。

但是四位的整数共计有 9999−999=9000 个，我们要想把这 9000 个数逐一试验，劳神费力，而且还容易出错。这时候，去芜存菁的方法就派上了用场。

益智谜题

灯牌走线

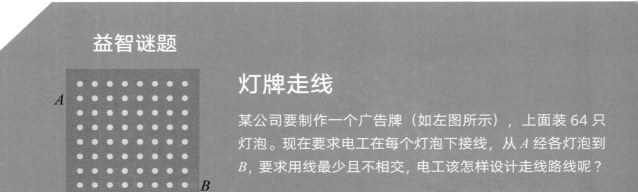

某公司要制作一个广告牌（如左图所示），上面装 64 只灯泡。现在要求电工在每个灯泡下接线，从 A 经各灯泡到 B，要求用线最少且不相交，电工该怎样设计走线路线呢？

第一步：这 9000 个四位数中，有许多是有重复数字的，有许多是有 0 的，我们应该先把它们去掉。那么没有重复数字又没有 0 的四位数有多少呢？从 9 个数字中取出 4 个来作不同顺序而又不重复的排列，应有 9×8×7×6=3024 种变化。但是从这 3024 个四位数中去选取符合条件的数，也不是一件容易的事。

第二步：分母是五位数，若分子的四位数的千位是 1、2、3、4，那么它们的 2 倍数仍是四位数，不符合条件；即使分子的千位是 5，分母已成五位数，但首二位是 10 或 11，仍不符合条件，所以分子的千位至少是 6。分子的四位数的 3024 种变化中，千位是 1、2、3……9 的各有 $3024\times\frac{1}{9}$=336 个，千位数字是 6、7、8、9 的，共有 336×4=1344 个。在这 1344 个四位数中选取符合条件的，虽已比较容易，但还要设法继续淘汰。

第三步：不论分子的千位是 6、7、8、9 中的哪一个，它们的 2 倍数的首位总是 1，即分母的万位是 1，于是知道分子中没有 1。若分子的千位是 6，那么剩下的三位数字可以在除 1 和 6 以外的 7 个数字中取出 3 个来作不同顺序而又不重复的排列，应有 7×6×5=210 种变化。分子的千位是 7、8 或 9 的都一样，所以共计有 210×4=840 个。我们把这 840 个四位数分别试验，所费的时间还是很多，继续淘汰。

第四步：分子的千位不能是 5（见第二步），同样的，剩下的三位数字也不能有 5。所以，当分子的千位是 6 时，剩下的三位数只能在除 1、5、6 以外的 6 个数字中取出 3 个来作不同顺序而又不重复的排列，仅有 6×5×4=120 种变化。分子的千位是 7、8 或 9 时一样，共计有 120×4=480 个。把这样的 480 个四位数做分子，分别乘以 2，把所得的五位数做分母，共计 9 个数字，能不重复而又没有 0 的，就是所需的答案。

答案如下：

$$\frac{6729}{13458},\ \frac{6792}{13584},\ \frac{6927}{13854},\ \frac{7269}{14538},\ \frac{7293}{14586},\ \frac{7329}{14658}$$

$$\frac{7692}{15384},\ \frac{7923}{15846},\ \frac{7932}{15864},\ \frac{9267}{18534},\ \frac{9273}{18546},\ \frac{9327}{18654}$$

共 12 种。

中国古代数学故事

代数故事

我们的祖先在很早的时候就掌握了许多代数知识，
像一元任何次方程和多元任何次方程组的解法、
二项式乘方的性质和等差数列的研究等，
都是我们的祖先在代数学上的伟大成就。
本章节选取部分内容加以介绍，
让读者知道祖国的代数研究在世界数学史上有着怎样光荣的地位。

代数的起源和发展

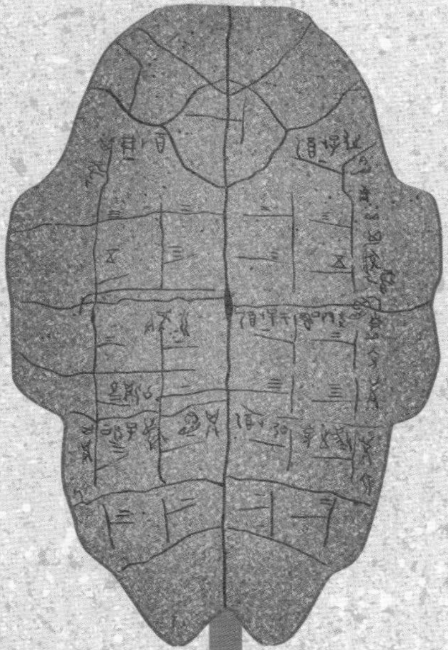

在商朝的早期奴隶社会里，农业、畜牧和冶炼等生产技术都有所发展。

人们在农业生产中长期观察天象，由此制定历法，掌握了寒暑交替规律，及时进行耕作，使生产力水平不断发展。由于天文历法的研究必须通过相当繁复的数字计算，于是代数也随着发展起来。

商朝

春秋战国

到了春秋战国时期，奴隶社会逐渐转化为封建社会，生产力得到了显著的提高。

随着生产力水平的提高，出现了胜过原有青铜器的铁制工具：农业上用牛拉犁耕地，工业上有了专门的工匠，商业上由物物交换变为用金钱做交易，等等。

这些经济上的变化也推动了代数的发展，有关田地面积、仓库容量、工程土方、商品交易、粮食分配等的计算方法，都产生于这个时期或更早的时期。

在东汉初年（公元1世纪后期）编写完成的《九章算术》中的大部分内容，都是总结自战国、秦、汉时期的数学成就。《九章算术》中除了全用已知数列式计算的方法以外，还有把未知数也列入算式中的“方程”算法，这已经超出了算术的范围，成为代数的原始形态了。

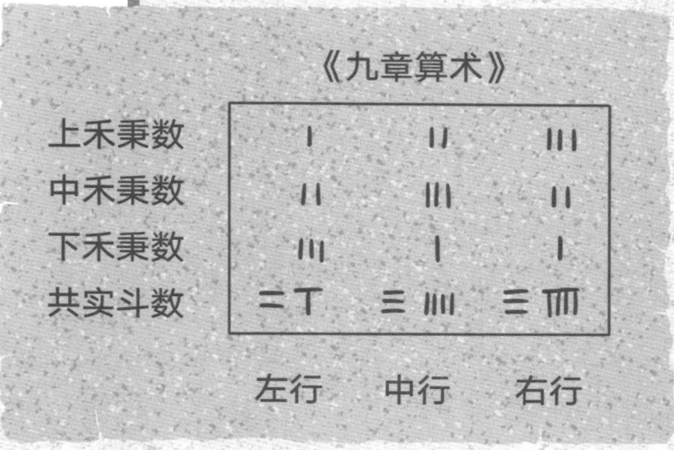

东汉初年（公元1世纪后期）

南北朝（公元5世纪）

《九章算术》里已经讲到正负数的计算方法。中国古代书籍中谈到方程的，除了《九章算术》外，还有《孙子算经》（约公元4世纪末）和《张丘建算经》（约公元5世纪）。各书所用消去未知数的方法，都是所谓“直除法”，仅有刘徽在《九章算术》方程章第7题下面的注解（公元263年）里，补充了一个不同的解法，这个解法和现今代数里经过互乘的“加减消元法”完全一样。

张丘建

称损得益，称益得损——正负术

《九章算术》所载的“正负术”，只有 37 个字：

同名相除，异名相益，正无入负之，负无入正之。其异名相除，同名相益，正无入正之，负无入负之。

前四句讲的是正负数的减法法则。“同名相除”就是求同号的两个数的差，应该把绝对值相减，所得结果的符号遇顺减（即绝对值大的数字减绝对值小的数字）时仍取原号，逆减（即绝对值小的数字减绝对值大的数字）时就反号。比如，

(+10)-(+2)=+8，(-10)-(-2)=-8，都是顺减；
(+2)-(+10)=-8，(-2)-(-10)=+8，都是逆减。

“异名相益”就是求异号的两个数的差，应该把绝对值相加，所得结果的号和被减数相同，比如，

(+10)-(-2)=12，(-10)-(+2)=-12，
(+2)-(-10)=12，(-2)-(+10)=-12。

“正无入负之”就是被减数是 0，减数是正数，那么差是负数。

即 0-(+2)=-2。

“负无入正之”就是被减数是 0，减数是负数，那么差是正数。

即 0-(-2)=+2。

东汉末年，刘洪在《乾象历》（206 年）的计算中也应用了正负数。

在元代朱世杰的《算学启蒙》（1299 年）的“总括”中，又有“同名相乘为正，异名相乘为负”二句，这是古书中正负数四则运算的最早记录。

后四句讲的是正负数的加法法则。“异名相除”则是求异号的两个数的和，把绝对值相减，用绝对值大者的号。比如，

$$(+10)+(-2)=+8，(-10)+(+2)=-8，$$
$$(+2)+(-10)=-8，(-2)+(+10)=+8。$$

“同名相益”是求同号的两个数的和，把绝对值相加，仍用原号。比如，

$$(+10)+(+2)=+12，(-10)+(-2)=-12。$$

“正无入正之，负无入负之”是被加数为 0，加数为正时和也为正，加数为负时和也为负。

即 $0+(+2)=+2$；$0+(-2)=-2$。

古代人是怎样解方程组的？

在中国古代的方程算法中，所列的方程不像现今代数里那样用字母代替未知数，而是在一定的位置写出每一未知项的系数，和代数里的“分离系数法（对同类项的系数进行的四则运算）”一样。解方程所用的直除法，是从一个方程累减（或累加）另一个方程，用来消去一部分未知数，和现今的加减消元法略有不同。

【例】若取上禾（稻谷）3束，中禾2束，下禾1束，得果实39斗。若取上禾2束，中禾3束，下禾1束，共得果实34斗。若取上禾1束，中禾2束，下禾3束，共得果实26斗。问上、中、下禾各一束可得果实多少？（该题根据《九章算术》方程章中题目改编，为方便读者阅读，稍作修改——编者注）

列上禾3束，中禾2束，下禾1束，实39斗于右列。同法列得中列和左列。

	左	中	右
上禾	1	2	3
中禾	2	3	2
下禾	3	1	1
实	26	34	39

以中列同乘3。

	左	中	右
上禾	1	6	3
中禾	2	9	2
下禾	3	3	1
实	26	102	39

用中列累减右列，知道中列第一个数为0。

	左	中	右
上禾	1	0	3
中禾	2	5	2
下禾	3	1	1
实	26	24	39

同上面的方法，将左列的前两个数变为 0。

	左	中	右
上禾	3	0	3
中禾	6	5	2
下禾	9	1	1
实	78	24	39

左列累减右列

	左	中	右
上禾	0	0	3
中禾	4	5	2
下禾	8	1	1
实	39	24	39

左列 × 5

	左	中	右
上禾	0	0	3
中禾	20	5	2
下禾	40	1	1
实	195	24	39

左列累减中列

	左	中	右
上禾	0	0	3
中禾	0	5	2
下禾	36	1	1
实	99	24	39

最后可得，下禾 36 束共 99 斗，所以下禾每束可收 $99 \div 36 = 2\frac{3}{4}$斗。

5 中禾 +1 下禾 = 24 斗，中禾每束可收 $\frac{24-2\frac{3}{4}}{5} = 4\frac{1}{4}$ 斗。

3 上禾 +2 中禾 +1 下禾 = 39 斗，上禾每束可收 $\frac{39-2\frac{3}{4}-4\frac{1}{4}\times 2}{3} = 9\frac{1}{4}$斗。

现今的加减消元法如下：

设上禾 1 束的果实是 x 斗，中禾 1 束的果实是 y 斗，下禾 1 束的果实是 z 斗，那么依题意可列三元一次方程组如下：

$$\begin{cases} 3x+2y+z=39 \\ 2x+3y+z=34 \\ x+2y+3z=26 \end{cases}$$

解三元一次方程组，可得：

$$\begin{cases} x=9\frac{1}{4} \\ y=4\frac{1}{4} \\ z=2\frac{3}{4} \end{cases}$$

答：上禾 1 束可收果实 $9\frac{1}{4}$斗，中禾 1 束可收果实 $4\frac{1}{4}$斗，下禾 1 束可收果实 $2\frac{3}{4}$斗。

从上举的解法，可见古时的方程算法很是别致，虽较现今略繁，但步骤非常整齐，在使用筹算时可说是很便利的。

古代的等差数列是什么样的？

中国古代对等差数列很早就有了认识。

在《周髀算经》里曾经谈到，在周城的平地立 8 尺高的周髀（表竿），日中测影，就是立杆测影，在二十四节气中，冬至影长 1 丈 3 尺 5 寸，以后每一节气递减 9 寸 9 分又$\frac{1}{6}$分，到夏至而影最短，仅长 1 尺 6 寸，以后每一节气又递增 9 寸 9 分又$\frac{1}{6}$分，这些都是现今代数学里的等差数列。可见《周髀算经》对于最简单的等差数列已经有了一个初步认识。

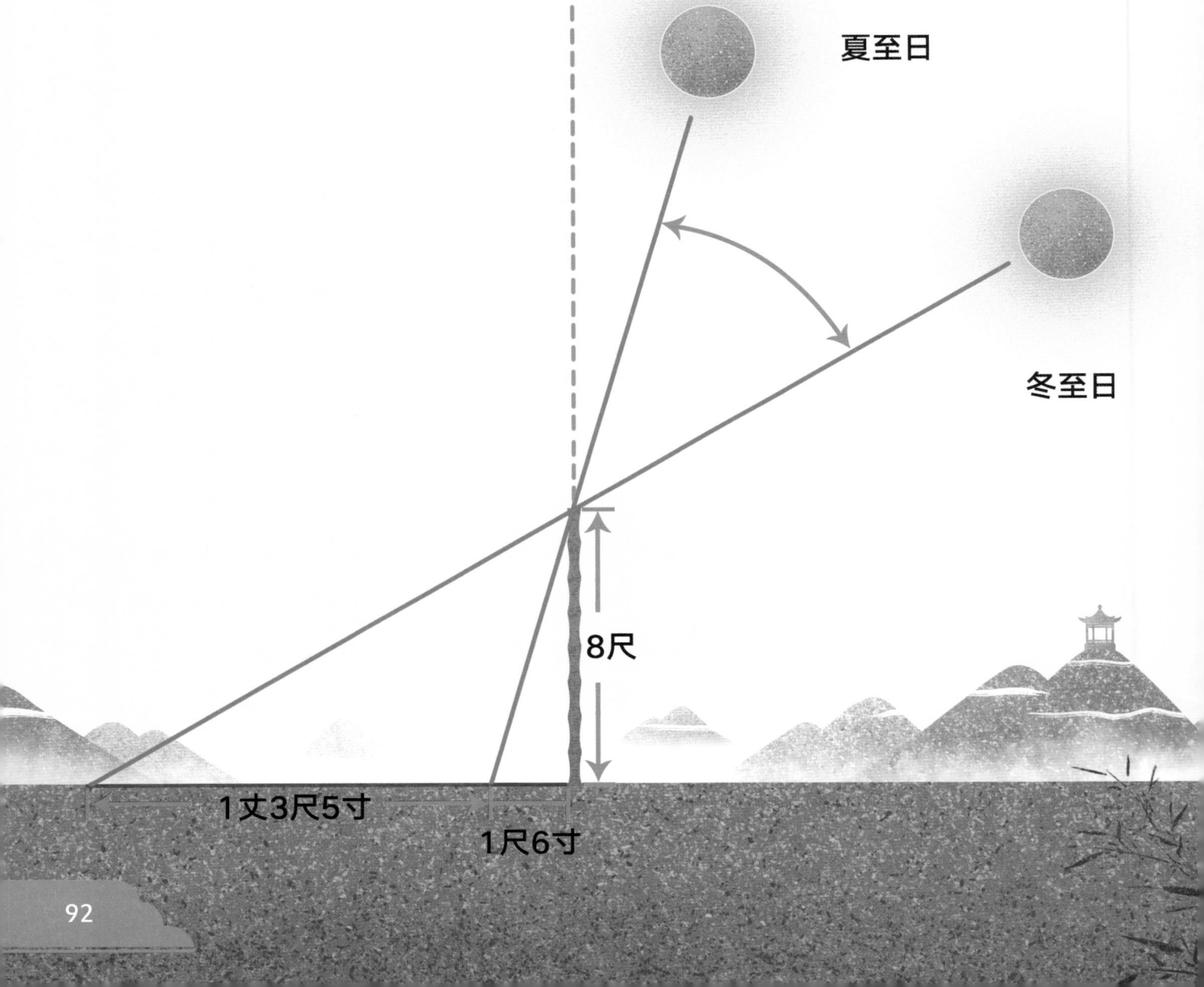

古代人是怎样计算等差数列的和的？

有一些球，中心 1 个，外包 8 个，向外逐层增 8 个，最外一圈共 32 个。这些球一共有多少个？（该题根据《孙子算经》中“今有方物一束，外周一匝有三十二枚，问积几何？”一题改编——编者注）

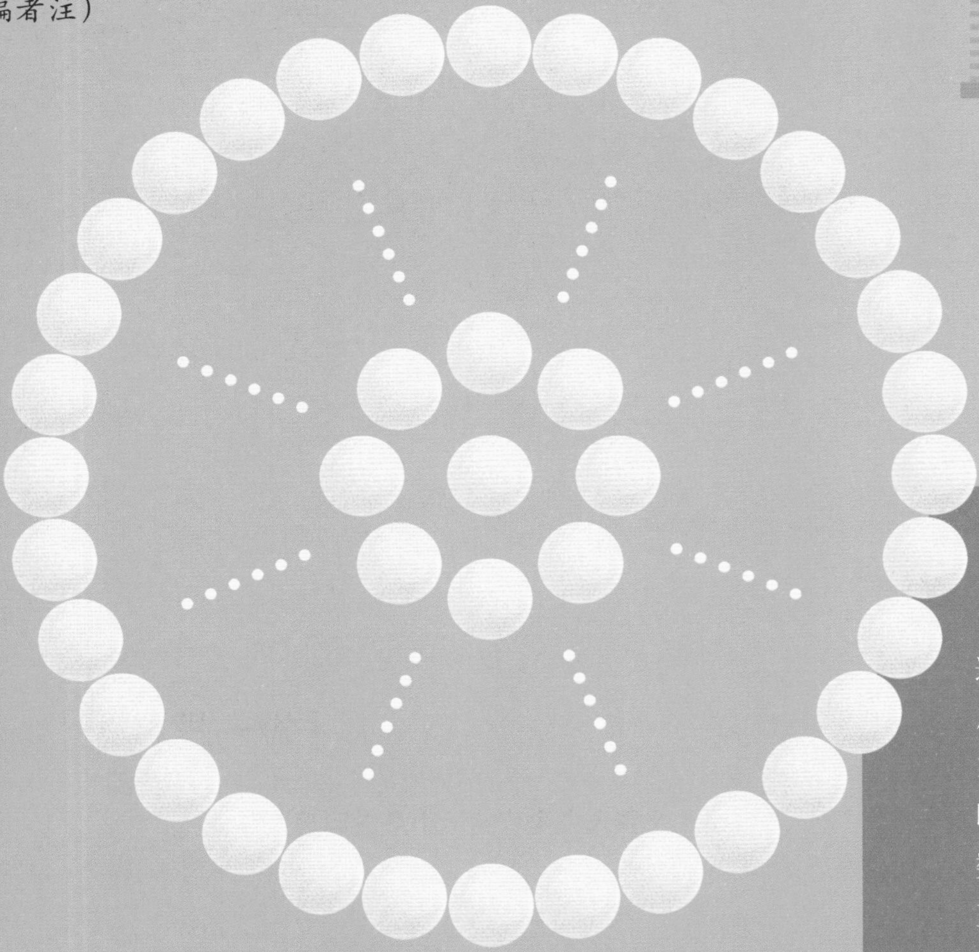

可以用最外一圈的数 32 逐次减去 8，得从外向内各层的数依次是 32、24、16、8、1，然后用加法把它们加起来，即为答案。在这顺次各层的数中，除“1”外，其余的数正好构成等差数。《孙子算经》求总和都是直接相加，还没有简便的算法。

在《九章算术》“盈不足”一章第 19 题的注里，刘徽首先用捷法求等差级数的总和。设等差级数的首项是 a，公差是 d，项数是 n，总和是 S，那么刘徽的算法就是

$$S=\left[a+\frac{(n-1)d}{2}\right]\times n$$

将末项 $l=a+(n-1)d$ 代入这个公式，化简后即可得现在的公式：$S=\frac{n(a+l)}{2}$

古代人是如何计算行星运行的距离的？

在张丘建之后，天文学家曾经把等差数列的算法应用到历法计算方面。因为古代天文学家常常假定天体的视运动在一定的区间是匀加速运动，就是每天所行弧长的度数是等差数列，所以可按照等差数列来计算。

唐代僧一行（未出家时原名张遂）在创制《大衍历》时，计算行星在 n 天内共行的弧长 S（以度做单位），应用的公式是

$$S=n\left(a+\frac{n-1}{2}d\right)$$

其中的 a 是第一天所行的弧长，就是等差数列的首项，d 是逐日多行的弧长，就是等差数列的公差。

古代人是怎样求三角形和梯形面积的？

【例题 1】今有三角形的草垛一堆（如下图所示，每层都比上一层多 1 束草），顶上 1 束草，底下 8 束草。一共有多少束草？

我们可以把这个草垛倒过来，拼在原有的草垛旁边，如下图所示，这样每层的草束数量都相等，即 1+8=9 束，乘以层数 8，得 9×8=72 束，除以 2 得 72÷2=36 束，即所求答案。

我国在宋元间又曾应用等差数列的算法解“堆”“垛”的问题。宋代《杨辉算法》（1275 年）中《田亩比类乘除捷法》载“圭垛”和“梯垛”两法，实际就是三角阵和梯形阵的问题。

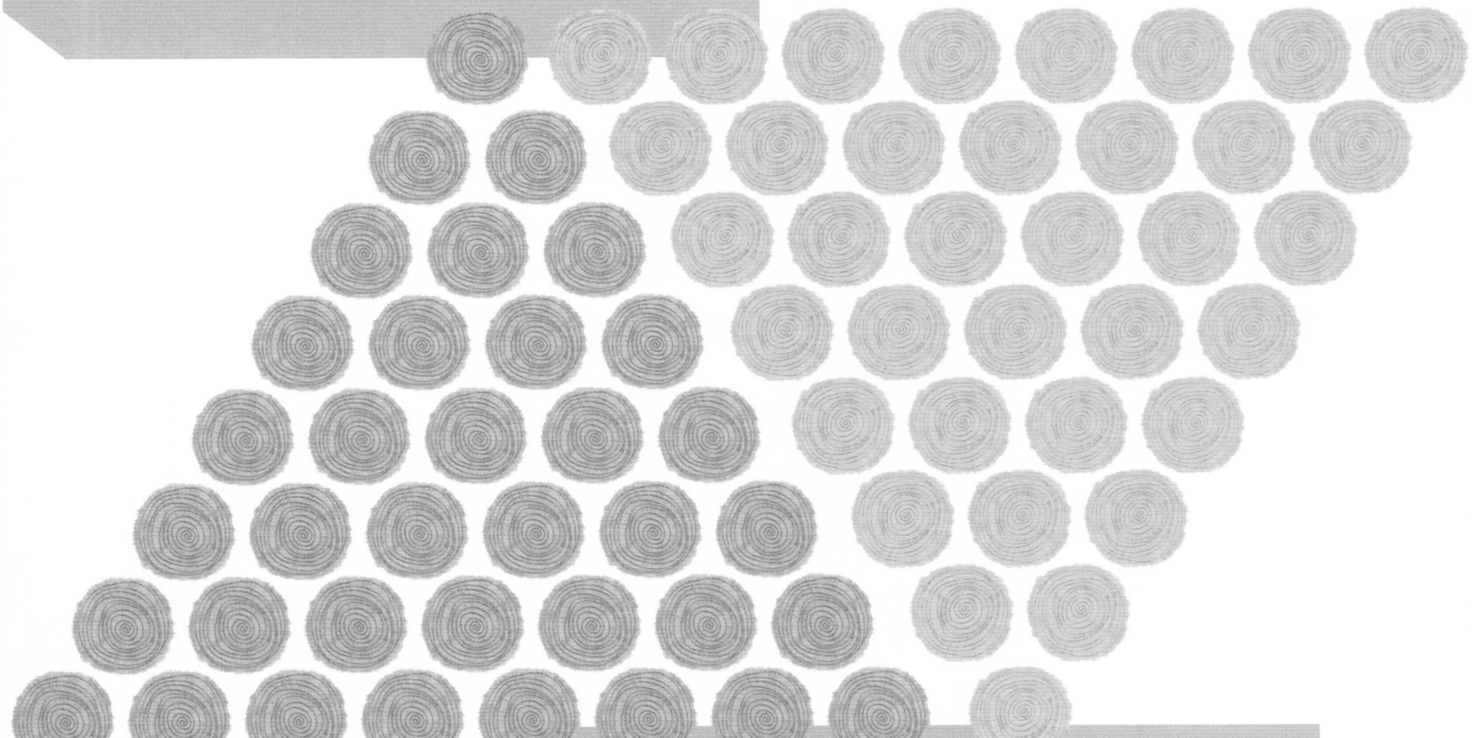

【例题 2】今有梯形的草垛一堆（每层都比上一层多 1 束草），顶上 6 束草，底下 13 束草。一共有多少束草？

我们可以同上面三角形草垛解法一致，求得（6+13）×8÷2=76 束。

贾宪三角形（杨辉三角）

学过初等代数的人，都知道二项式的乘方可展开得下面算式：

$(a+b)^0=1$

$(a+b)^1=a+b$

$(a+b)^2=a^2+2ab+b^2$

$(a+b)^3=a^3+3a^2b+3ab^2+b^3$

$(a+b)^4=a^4+4a^3b+6a^2b^2+4ab^3+b^4$

$(a+b)^5=a^5+5a^4b+10a^2b^2+10a^2b^3+5ab^4+b^5$

……

将展开式各项的系数依次排列，可得如下图所示的图形：

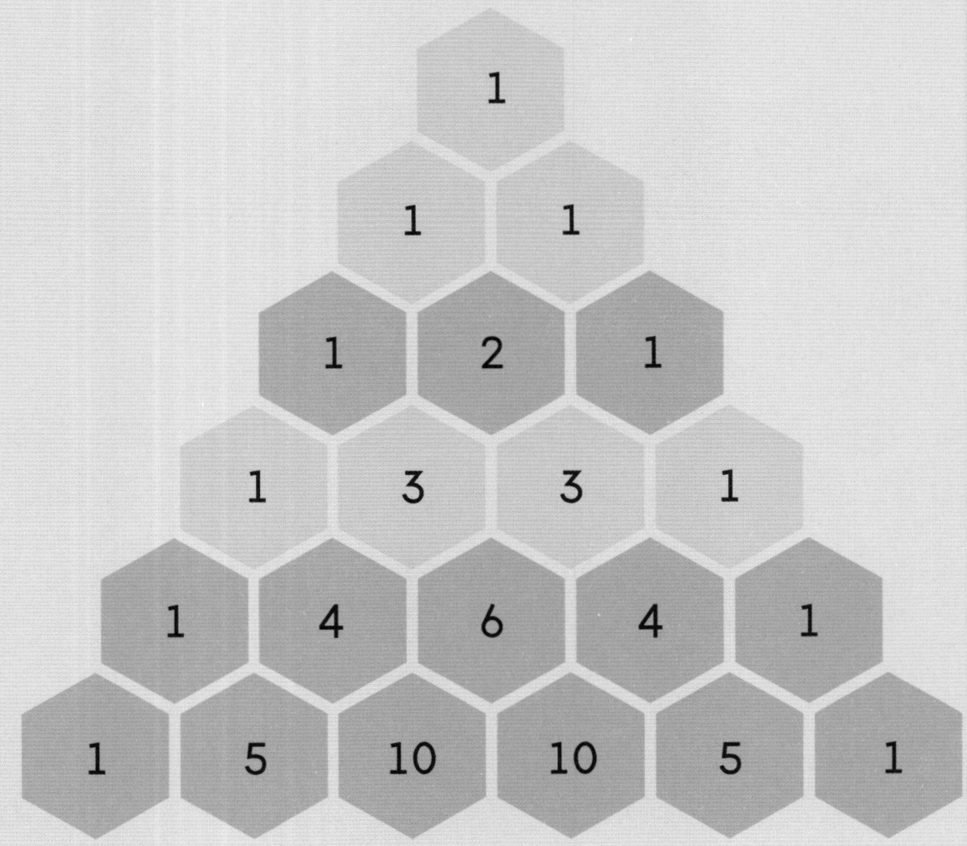

这在欧洲数学中叫作“帕斯卡三角形”（帕斯卡在 1654 年发现这一规律）。

贾宪三角形的用途

关于贾宪三角形的用途，在最初创立时大概仅限用于开方。

在宋元数学中，关于等差数列计算方面有很大的发展。这些等差数列求和的方法，显然都要根据现今数学中的“二项式定理”。由贾宪三角形，我们很容易推得这个二项式定理的公式。

到清朝，中国数学书中又在多方面应用到贾宪三角形。例如董祐诚和项名达把它应用于“割圆术”，李善兰用它来作等差数列的研究，华蘅芳又利用它来解高次方程。此处不再一一介绍。

在南宋数学家杨辉的《详解九章算法》中（1261 年），载有“开方作法本源”，附了一幅图，书中自注称该法出于论述开方的《释锁算书》，贾宪就运用了这一方法。这图实际和帕斯卡三角形一样，但是要比帕斯卡早 600 多年。

左积　　右隅

本积　1

商除　1　1

平方　1　2　1

立方　1　3　3　1

三乘　1　4　6　4　1

四乘　1　5　10　10　5　1

五乘　1　6　15　20　15　6　1

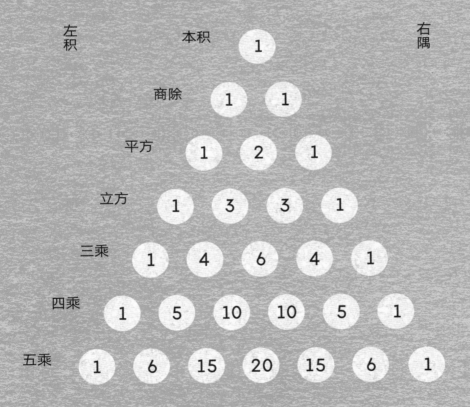

因为这幅图原是附列在“开方作法本源”的文字里面的，所以可称“开方作法本源图”。也有人因为它出于杨辉的书，所以叫它“杨辉三角”。本书为了纪念贾宪创立这幅图，把它称作“贾宪三角形”。

高阶等差数列

到公元 11 世纪时，经过北宋长时间的统一，人民生活比较安定，农业生产得到恢复和发展，手工业和商业也有显著的进步，社会生产力得到提高。这些情况，在沈括（1031 年－1095 年）所著的《梦溪笔谈》里有很多记录。

《梦溪笔谈》里记载了一些当时人们在数学方面的成就，其中最杰出的是一种高阶等差数列求总和的算法——隙积术。

如何计算堆成梯形台的水缸数量？

沈括所提到的高阶等差级数的各项，依次是两组连续正整数各相邻项的积，形式是

ab，$(a+1)(b+1)$，$(a+2)(b+2)$，$(a+3)(b+3)$，……

就是把同样的许多物件一层一层地堆积起来，每一层都是一个长方形，由上而下逐层的长和宽各增加 1 个。设顶层长 a 个，宽 b 个；底层长 A 个，宽 B 个。共有 n 层，把沈括计算总数 S 的方法写出公式，就是

$$S=ab+(a+1)(b+1)+(a+2)(b+2)+\cdots+(A-1)(B-1)+AB \text{（共 } n \text{ 项）}$$

$$=\frac{n}{6}\left[b(2a+A)+B(2A+a)\right]+\frac{n}{6}(B-b)$$

请你用上面的公式计算一下这堆水缸有多少个吧。

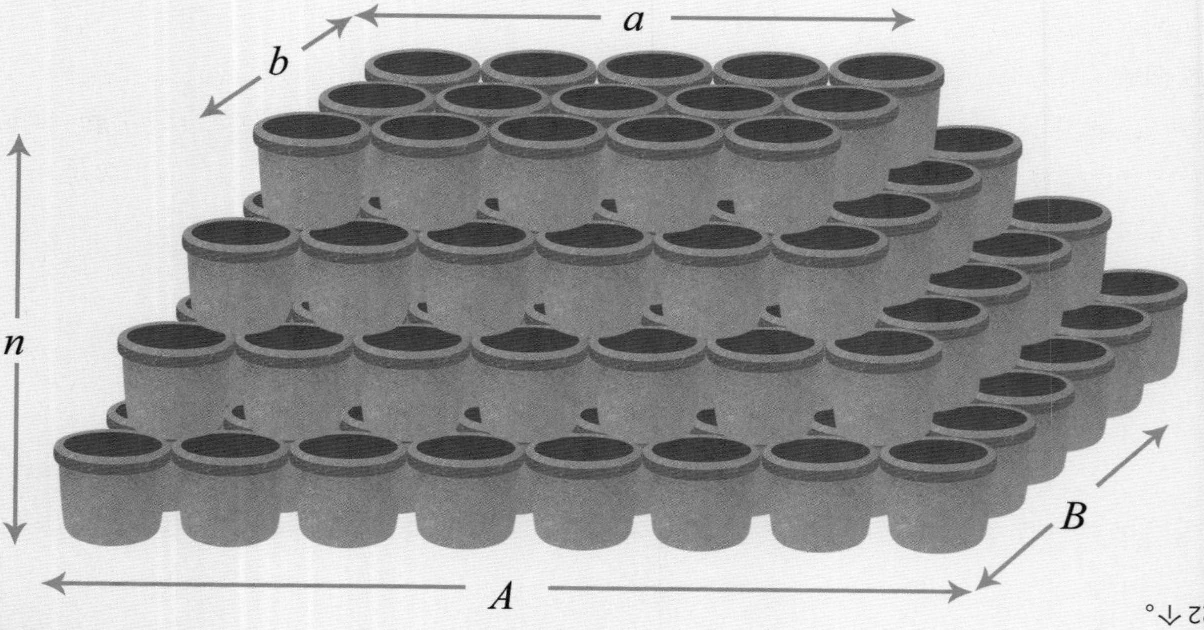

答案：122 个。

如何计算堆成正四棱锥形的箱子数量？

有一些正方体箱子被堆成正四棱锥的形状，顶层是 1 个箱子，向下逐层每边增加 1 个。这堆箱子有多少个？

已知底层每边的个数 n 而求总数，实际就是求自然数平方的总和：

$S_n=1^2+2^2+3^2+4^2+\cdots+n^2$

这个问题显然是沈括隙积术的特例，只要以 $a=b=1$，$A=B=n$ 代入沈括公式，就可以得到这个级数求总和的公式：

$$S_n=\frac{1}{6}n(n+1)(2n+1)$$

但是，杨辉的算法很特别：

图 1

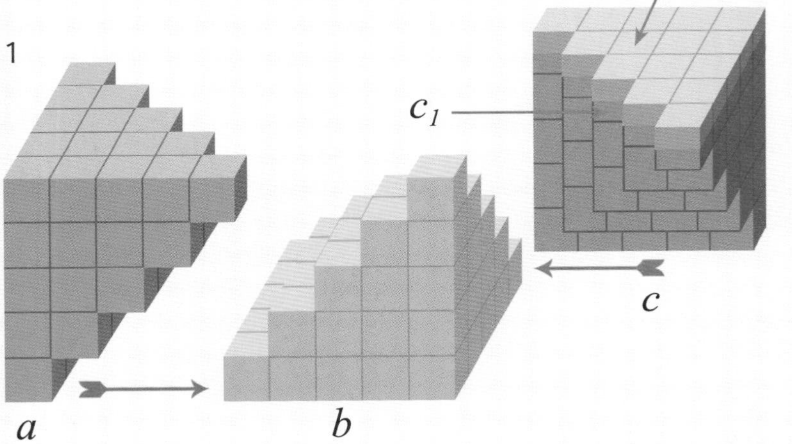

图 2

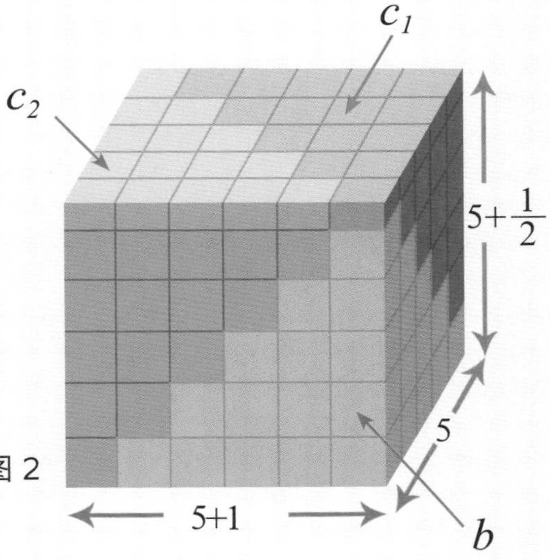

杨辉是用 3 个同样的四棱锥，拼合而成一个长方直棱柱来计算的。例如求底层每边是 5 个的四棱锥箱子总数，就是求 $S_5=1^2+2^2+3^2+4^2+5^2$ 的结果。可以取 3 个同样的四棱锥（如上图 1 所示），依图中的箭头方向，把 a、c 拼到 b 的上面，这样所得的还不是一个长方直棱柱，因为在 c 的顶上还有一层高出于 a。我们从这一层里削去半层（c_2），把它旋转 180°，放到 a 的上面，刚好成为一个长方直棱柱，如上图 2 所示。要计算这个长方直棱柱形垛内所含小正方体的总数是很便利的。因为它的长是 5 个，宽是（5+1）个，高是（$5+\frac{1}{2}$）个。所以它的总数是

$$3S_5=5(5+1)(5+\frac{1}{2})$$

从而得到每个正四棱锥箱子的总数是

$$S_5=\frac{1}{3}\cdot 5(5+1)(5+\frac{1}{2})=55\text{（个）}$$

我们从这个例子，把 5 推广到 n，就可以得到自然数平方数求和的公式：

$$S_n=\frac{1}{3}n(n+1)(n+\frac{1}{2})$$

如何计算堆成六角阵的圆形木数量？

伐木工人把圆木堆成如下图所示形状：第一堆 1 根，第二堆 3 根，之后奇数的堆都是正六角阵，依次每边多 1 根；偶数的堆都是等角六角阵，也依次每边多 1 根。

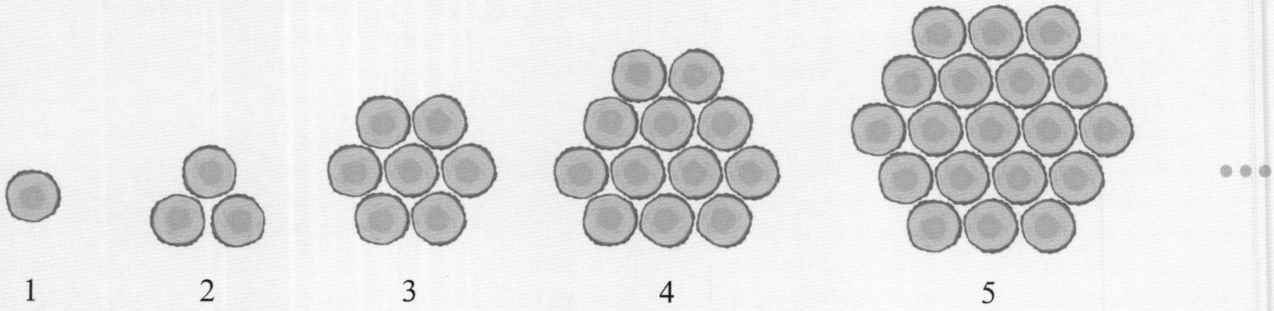

①先研究奇数堆木头的数量，木头数量的变化规律如下：

1　2　3　4　5　6　……
1　7　19　37　61　91　……
6　12　18　24　30　……
6　6　6　6　……

所以 n 堆的总数是

$$S_n = n\times1+\frac{(n-1)n}{1\times2}\times6+\frac{(n-2)(n-1)n}{1\times2\times3}\times6$$

化简得

$S_n = n^3$………………………… (1)

②再研究偶数堆木头的数量，木头数量的变化规律如下：

1　2　3　4　5　6　……
3　12　27　48　75　108　……
9　15　21　27　33　……
6　6　6　6　……

所以 n 堆的总数是

$$S_n = n\times3+\frac{(n-1)n}{1\times2}\times9+\frac{(n-2)(n-1)n}{1\times2\times3}\times6$$

化简得

$S_n = \frac{1}{2}n(n+1)(2n+1)$…… (2)

木头的总堆数是奇数或是偶数，求总数的公式完全不同，现在分述于下：

①设层数 n 是偶数。

那么正六角阵有 $\frac{n}{2}$ 层，由(1)式知道奇数堆的总数是 $\left(\frac{n}{2}\right)^3=\frac{1}{8}n^3$；等角六角阵也是 $\frac{n}{2}$ 层，由（2）式知道偶数堆的总数是 $\frac{1}{2}\times\frac{n}{2}\left(\frac{n}{2}+1\right)\left(2\times\frac{n}{2}+1\right)=\frac{1}{8}n(n+1)(n+2)$ 。

所以木头的总数是

$$\begin{aligned}S_n&=\frac{1}{8}n^3+\frac{1}{8}n(n+1)(n+2)\\&=\frac{1}{8}n\left[n^2+(n+1)(n+2)\right]\text{。}\end{aligned}$$

②设层数 n 是奇数。

那么正六角阵有 $\frac{n+1}{2}$ 层，由（1）式知道奇数堆的总数是 $\left(\frac{n+1}{2}\right)^3=\frac{1}{8}(n+1)^3$ ；又等角六角阵有 $\frac{n+1}{2}$ 层，由（2）式知道偶数堆的总数是

$$\frac{1}{2}\times\frac{n-1}{2}\times\left(\frac{n-1}{2}+1\right)\left(2\times\frac{n-1}{2}+1\right)=\frac{1}{8}(n-1)n(n+1)\text{。}$$

所以木头的总数是

$$\begin{aligned}S_n&=\frac{1}{8}(n+1)^3+\frac{1}{8}(n-1)n(n+1)\\&=\frac{1}{8}(n+1)\left[(n+1)^2+n(n-1)\right]\text{。}\end{aligned}$$

天元术（列方程）的失传和复兴

代数学中解应用题的方法，除多元的问题用一次或高次方程组外，一般都是用 x 假设为题中的一个未知数，根据题意列出一元一次或高次方程，依一定的法则求得 x。这种方法在中国古代早就发明了，它的计算通常可分成两步：第一步是列方程，叫作“天元术”；第二步是解方程。

代数学里所称的未知数，在中国旧称“天元”，简称“元”。常数项叫作“太极”，简称“太”。依题列成的代数式叫作“天元式”。

中国的天元术发明得很早，但是由于各种原因，竟失传了约 500 年。直到清初，经过许多人的努力，把它重新研究明白，天元术才得以复兴。

宋

元

元代李冶所著的《测圆海镜》和《益古演段》，是现存最早的论述天元的两部书。前者以勾股容圆为题，后者以方圆周径幂积和数相求为题，全部用天元术计算，都有很详细的算草。

元代朱世杰也广泛应用了天元术，他所著《算学启蒙》中有共计 27 个题目，都是用天元来解勾股和求积还原的问题。

天元的名称最早见于宋秦九韶《数书九章》。

从元末到清初，天元术完全失传，原因是由于习惯势力影响，学术风气败坏，以及元朝的崇尚武力，明代的八股取士，对数学不加重视等。当然，最主要是因为在封建社会里，生产力受到生产关系的束缚，社会生产难于进一步提高，因而数学也不易获得进展。

清初

清代康熙时，梅瑴成读到《授时历》和《测圆海镜》二书，不理解其中的“立天元一”。那时候欧洲代数学已传入中国，译名《借根方法》，康熙皇帝把这西法传授给他，还对他说：“西洋人把这本书叫作《阿尔热八达》（*Algebra*），这个名称可译作‘东来法’，是传自东方的意思。”梅瑴成读完，觉得它的算法很巧妙，忽然想起古书里“立天元一”的方法似乎和它有些相象，于是再把《授时历》取出来一看，发现两种方法实际完全相同，只是名称不同而已。于是他在所著的《赤水遗珍》第五节“天元一即借根方解”中，说明了这一点，并且还说：“这是李冶的遗书，传到西洋后又转而还归中国，因为西人不忘其旧，所以有‘东来法’的名称。”

古代人是怎样列方程的？

在李冶的《测圆海镜》里面，可以看到天元术的列式方法。凡是常数，在旁边记一“太”字，如果是天元的一次方，那么在所列系数的旁边记一“元”字。太列在元下，通常记了元字就可以略去“太”字，记了“太”字就可以略去“元”字。元的上方所列的数是天元的二次方的系数，再上一层是天元三次方的系数，这样每上一层就增一次乘方。太下一层是以元除太的数，再下一层是以元的二次方除太的数，这样每下一层就减一次乘方。

后来李冶看到各家的天元图式，列法都和上述的次序相反，并且因为正负开方时常由上而下列实、方、廉、隅，就是每向下降一层就增一次乘方，如果用前法列式，在开方时又须上下易位，很不方便，因此在《益古演段》里面就把它颠倒过来，如右图所示。

天元列式层次图

天元列式层次图	就是
太极	x^0
天元	x^1
天元^2	x^2
天元^3	x^3
天元^4	x^4
⋮	⋮

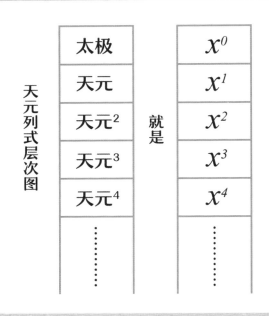

在清朝的书中，为了便利，除掉在除数中有天元的标注以外，常把“元”字和“太”字完全略去不记，规定顶层的数是太极（常数），太极没有数的时候，用“0”代替，如下图所示。

代数式：

$(a)\ 2x^3-4x+5$

$(b)\ 8x^2+9x-7$

$(c)\ x^4-x^3+5x$

它们的天元式如下：

(a)	(b)	(c)
5	-7	0
-4	9	5
0	8	0
2		-1
		1

古代人是怎样计算多项式的四则运算的？

加法

“以元加元，以太加太，各齐其等（就是层次）。同名（就是同号）相加，异名相减。相加者正仍为正，负仍为负。相减者以负减正则仍为负，以正减负则仍为正。若一为空位则无对，无对则正者正之，负者负之。”

【例】

本数	加数	和数
0	14400	14400
4800	−720	4080
−240	9	−231
3		3

用代数式表示，就是

$$\begin{array}{r} 3x^3-240x^2+4800x \\ +\quad 9x^2-720x+14400 \\ \hline 3x^3-231x^2+4080x+14400 \end{array}$$

减法

“亦齐其等，同名相减，异名相加。相减者本数（即被减数）大（指绝对值大）则正仍为正，负仍为负；减数大则正变为负，负变为正。相加者本数正则仍为正，本数负则仍为负。若无对，则一为空位，只有本数则正仍为正，负仍为负；只有减数则正变为负，负变为正。”

【例】

本数	减数	差数
−265	−317	52
−29	14	−43
0	6	−6
1	1	

用代数式表示，就是

$$\begin{array}{r} x^3 \qquad\quad -29x-265 \\ -\quad x^3+6x^2+14x-317 \\ \hline -6x^2-43x+\ 52 \end{array}$$

乘法

铺地锦法：“列法、实二式，一纵一横，相乘得式，列于横直相当之格，记其正负。乘毕联以虚斜线，同一斜线上者，同加异减，所得之式列于下方。”

【例】

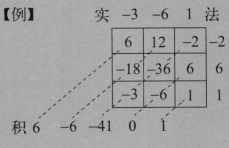

实	−3	−6	1	法
	6	12	−2	−2
	−18	−36	6	6
	−3	−6	1	1

积 6　−6　−41　0　1

用代数式表示，就是

$$\begin{array}{r} x^2-6x-3 \\ \times\quad x^2+6x-2 \\ \hline x^4-6x^3-3x^2 \qquad\qquad\qquad \\ 6x^3-36x^2-18x \qquad\quad \\ -2x^2+12x+6 \\ \hline x^4 \qquad\qquad -41x^2-6x+6 \end{array}$$

除法

因除法过程过于复杂，此处略。

古代人是怎样解一般二次方程的?

中国古代解一般二次方程，最早记录是《九章算术》勾股章第 20 题。这是一个相似勾股形比例问题，要用二次方程来解。下面先把这个问题介绍一下。原题如下：

有一个方形的院子，如下图所示 $DFGK$。院子的主人在正南和正北分别开了一扇门（门的宽度可忽略）。出北门 E 20 米处有一棵树 B，出南门 H 14 米至 C 处，然后再向东行 1775 米至 A 点，刚好可以看到北门外的树。请问，方形院子的边长是多少?

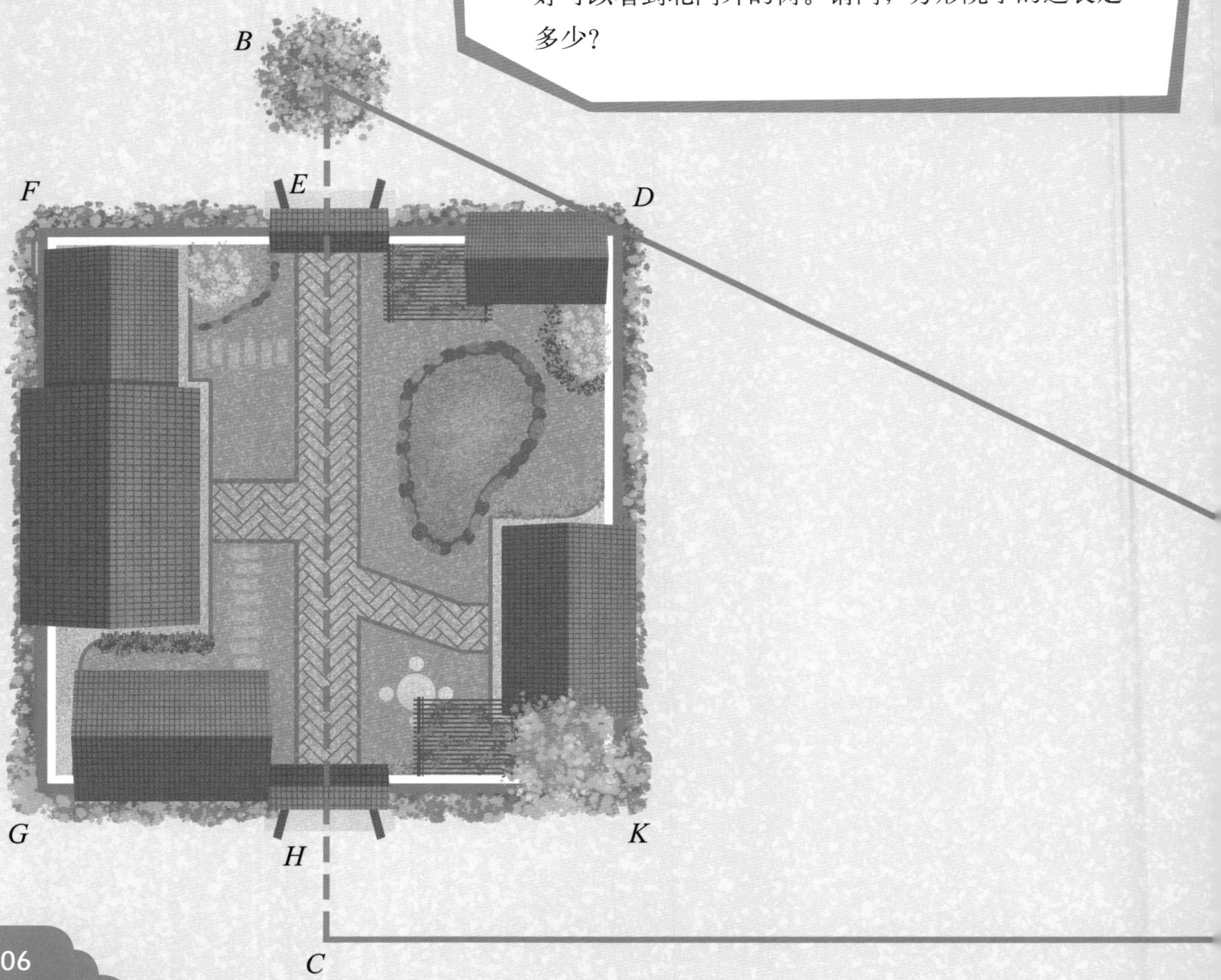

我们画出这个题目的简图：

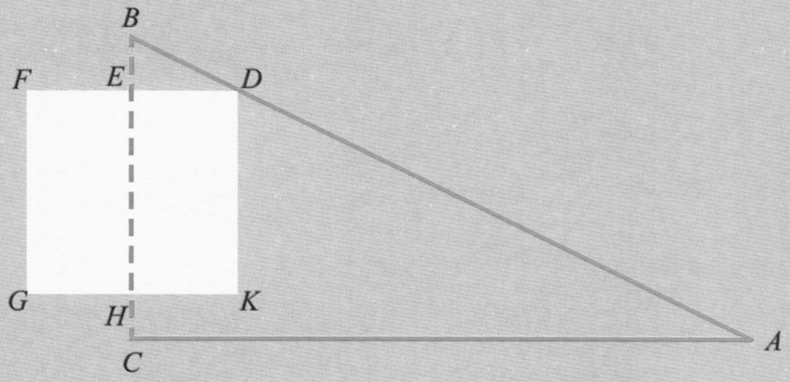

如上图所示，因为　　$\triangle ABC \backsim \triangle DBE$，

所以　　$DE : AC = BE : BC$。

设　　$DF=x$，那么 $EH=x$，$DE=\frac{x}{2}$，

连同题设的已知数代入上式，得

$$\frac{x}{2} : 1775 = 20 : (20+x+14)$$

化简后，得二次方程

$$x^2+34x=71000$$

$$(x-250)(x+284)=0$$

院子的边长肯定是正数，所以 $x=250$。

所以，方形院子的边长是 250 米。

原书的解法很简略，改编如下：

以出北门距离乘东行距离，倍之（$1775 \times 20 \times 2=71000$）为实，并出南门距离（$20+14=34$）为从法，开方除之，即院子的面积。

这里的“实”是指二次方程的常数项，“从法”是指一次项的系数，所谓“开方除之”，并不是我们现在所说的开平方，而是解一般二次方程的特殊开平方，就是后世所称的“带从开平方”。因为用这种开平方法所解的二次方程有一次项，而一次项的系数叫“从法”，所以这是带有从法的开平方，称作带从开平方。

古代人怎样求一块长方形地的长和宽？

古时候人们靠手、足测量距离。已知一块长方形地的面积是 864 平方步，宽比长短 12 步。这块地的长和宽分别是多少步？

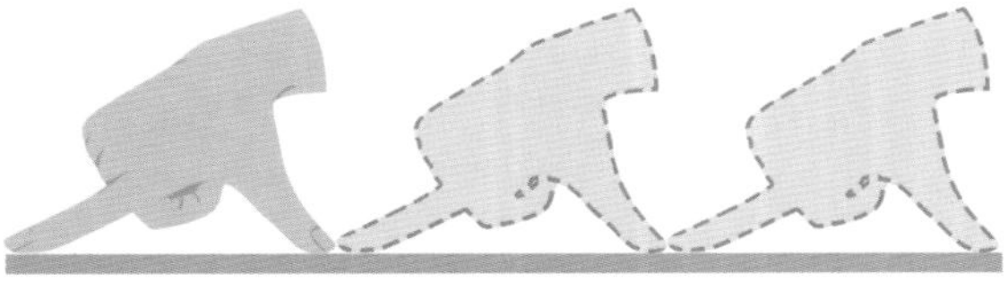

按照现在的做法，我们可以设宽为 x，则长为（x+12），列方程：

$$x(x+12)=864$$

化简得 $$x^2+12x=864$$

古代人是怎样求解 x 的呢？

带从开方法

古人用带从开方法所解的二次方程有一次项，而一次项的系数叫“从法”，所以这是带有从法的开平方，称作“带从开平方”。

先假设长方形地的宽为 20 步，则长为（20+12）步，面积为：20×(20+12)=640（平方步）。

用图形表示则为：

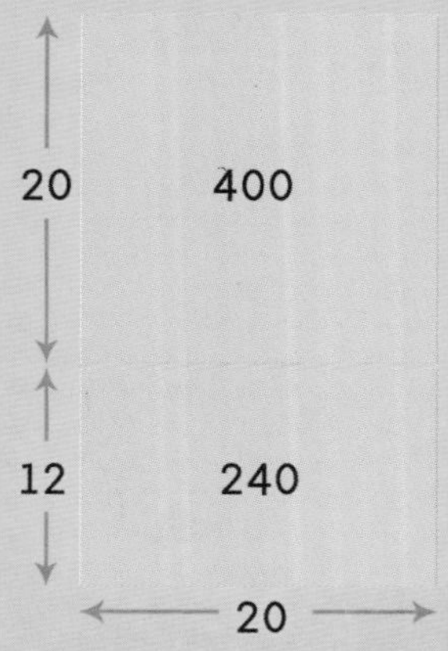

640 平方步比 864 平方步少 864−640=224 步，继续在原来宽的基础上加 4 步，则长也相应加 4 步，如下右图所示：

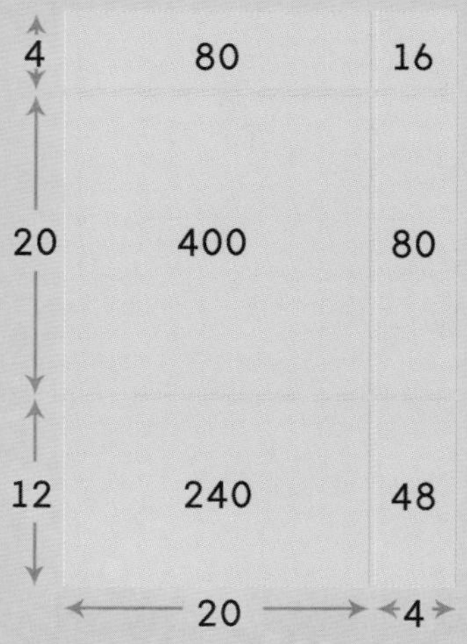

将上右图中每个方框内的数字相加：80+16+400+80+240+48=864，刚好是长方形的面积。所以长方形地的长是 4+20+12=36 步，宽是 20+4=24 步。

四因积步法

先求积的4倍，得 $864\times4=3456$，再求长宽差的平方，得 $12^2=144$，相加开平方，得 $\sqrt{3456+144}=60$，为长宽和。由和差公式得长的步数是 $\frac{1}{2}\times(60+12)=36$ 步，宽的步数是 $\frac{1}{2}\times(60-12)=24$ 步。

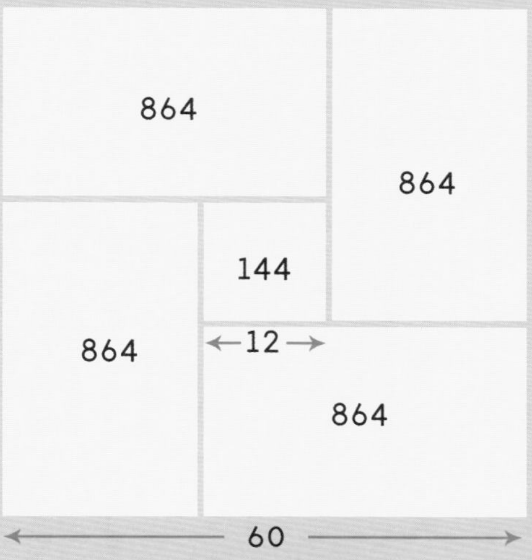

注：上图是由《周髀算经》的弦图变通而得。

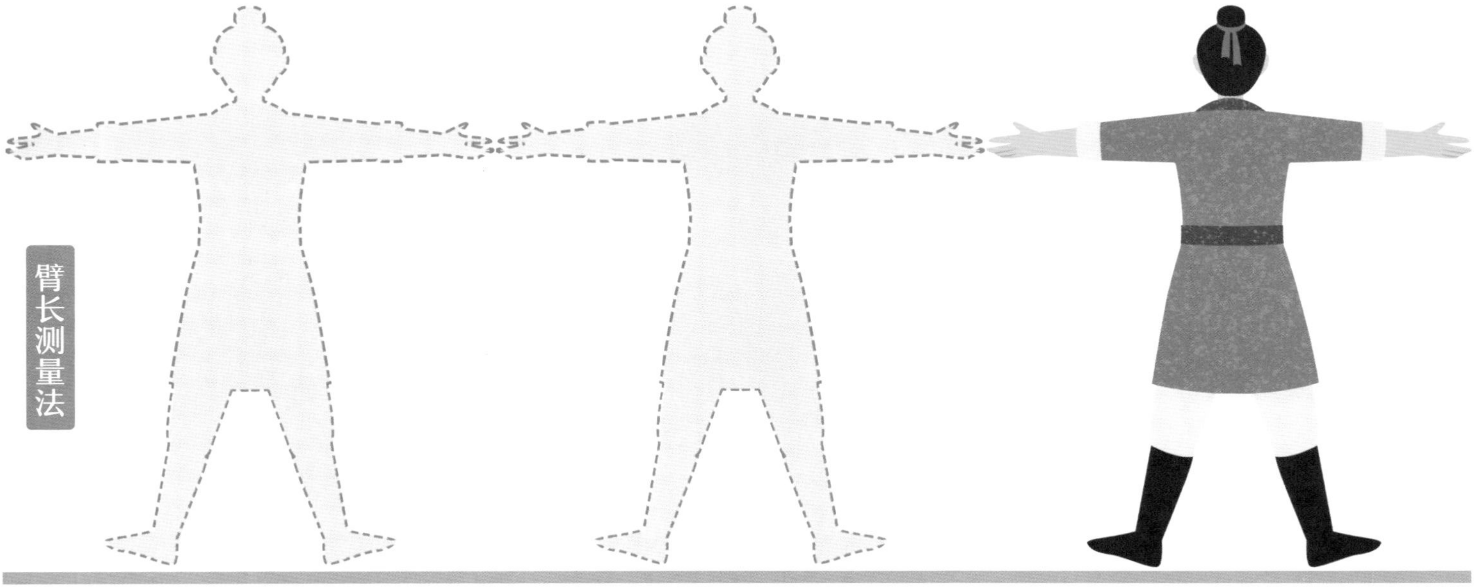

古代人是怎样列多元高次方程组的？

根据《四元玉鉴》后序，可知平阳李德载撰《两仪群英集臻》，除立天元外，又增立"地元"，这就是解二元高次方程组的方法。

《四元玉鉴》后序中还讲到刘大鉴曾著《乾坤括囊》一书，最后有两个问题，在天、地两元外再立"人元"，于是三元高次方程组也可以解了。

在朱世杰的《四元玉鉴》中，除李氏的"地元"，刘氏的"人元"外，又增立"物元"，于是推广而成四元，变得更加完备了。

四元高次方程

四元问题列式的时候，把常数放在中央，4 个未知数放在四方，规定第一个未知数在下，第二个未知数在左，第三个未知数在右，第四个未知数在上。各未知数的乘方依次数向外逐项排列。如果遇到第一个和第二个未知数相乘，就把所得的积放在左下，第一个和第三个未知数相乘放在右下，第二个和第四个未知数相乘放在左上，第三个和第四个未知数相乘放在右上。

如果遇到第一个和第四个未知数相乘的积，或第二个和第三个未知数相乘的积，把前者放在常数项左下角的夹缝里，后者放在常数项右上角的夹缝里。如果遇到 3 个未知数的连乘积，可根据个人习惯放在别处的夹缝里。

现在依次用 x、y、z、w 4 个未知数列方程，由此认识各数的位置。因为第一个和第四个未知数 2 次以上乘方的积很少遇到，所以没有列出；第二个和第三个未知数也是这样。

y^3w^3	y^2w^3	yw^3	w^3	zw^3	z^2w^3	z^3w^3
y^3w^2	y^2w^2	yw^2	w^2	zw^2	z^2w^2	z^3w^2
y^3w	y^2w	yw	w yz	zw	z^2w	z^3w
y^3	y^2	y	xw 太	z	z^2	z^3
xy^3	xy^2	xy	x	xz	xz^2	xz^3
x^2y^3	x^2y^2	x^2y	x^2	x^2z	x^2z^2	x^2z^3
x^3y^3	x^3y^2	x^3y	x^3	x^3z	x^3z^2	x^3z^3

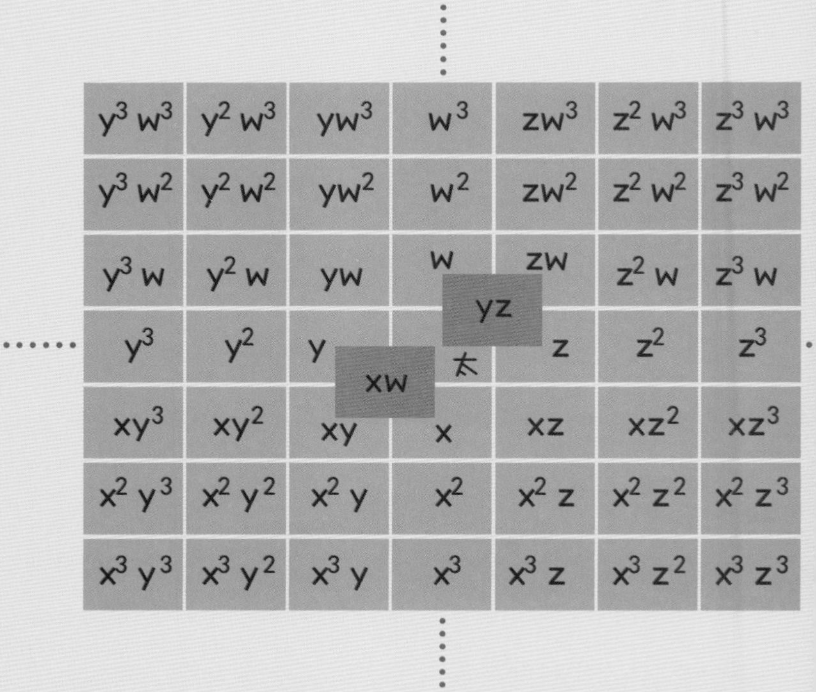

二元高次方程

二元问题仅有两个未知数，它的列式方法和四元不同，如图。

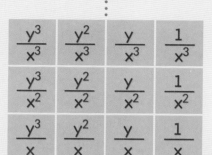

$\frac{y^3}{x^3}$	$\frac{y^2}{x^3}$	$\frac{y}{x^3}$	$\frac{1}{x^3}$			
$\frac{y^3}{x^2}$	$\frac{y^2}{x^2}$	$\frac{y}{x^2}$	$\frac{1}{x^2}$			
$\frac{y^3}{x}$	$\frac{y^2}{x}$	$\frac{y}{x}$	$\frac{1}{x}$			
y^3	y^2	y	太	$\frac{1}{y}$	$\frac{1}{y^2}$	$\frac{1}{y^3}$
xy^3	xy^2	xy	x	$\frac{x}{y}$	$\frac{x}{y^2}$	$\frac{x}{y^3}$
x^2y^3	x^2y^2	x^2y	x^2	$\frac{x^2}{y}$	$\frac{x^2}{y^2}$	$\frac{x^2}{y^3}$
x^3y^3	x^3y^2	x^3y	x^3	$\frac{x^3}{y}$	$\frac{x^3}{y^2}$	$\frac{x^3}{y^3}$

古人在太极的旁边注一“太（常数）”字，用来识别各数。

【做一做】

1. 把代数式 $3x^2-8xy+4y^2+6xz-8yz+3z^2$ 改成四元式。

2. 把代数式 $x^2+2x-2y-\frac{2y}{x}+\frac{y^2}{x^2}+1$

改成二元式。

答案：

1.

		-8		
4	0	(0)	0	3
	-8	0	6	
		3		

2.

1	0	0
	-2	0
	-2	(1)
		2
		1

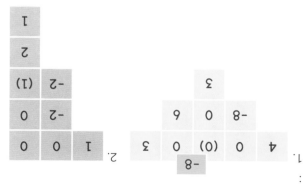

益智谜底

牧童牧羊

物体的镜像都是左右相反的。数字除 0 外，只有 1 和 8 的镜像完全相同。于是我们知道山羊和绵羊的数量一定都是 9 只，因为它们的乘积 81 的镜像恰好等于它们的和数 18。

行军不利

因 10 人一排末排缺 1 人，可见士兵的数量比 10 的倍数少 1。同理可知，士兵的数量比 9、8、7……2 的倍数都少 1。所以先求 10、9、8……2 的最小公倍数，得 2520。因士兵的数量在 3000~7000 之间，2520 不足 3000，2 倍得 5040，再减 1，即得答案 5039。所以有 5039 个士兵。

今天星期几？

今天是星期日。因为以后日（星期二）为昨日的今日是星期三，以前日（星期五）为明日的今日是星期四，本星期三同星期日（即今天）相距 3 天，上星期四同星期日（即今日）也相距 3 天。

罗马钟表

钟面上 12 个数的和是 78，不是 4 的倍数，可知某一个罗马数字被摔成 2 个数，这 2 个数的和比原数多 2，于是全部的和是 80，碎成四块的每一块上的和是 20。如下图所示。

移动成方

可移动下方的一根木棍，使 4 根木棍中间留出一小正方形。

割纸条

第一张在 2、3 间割断，上下对调。第二张在 4、5 间，第三张在 6、7 间，第四张在 1、2 间，第五张在 3、4 间，第六张在 5、6 间，均割断后上下对调。第七张不割。7 张纸条拼接完成后如下图所示，每行、每列或两对角线上的数字和都是 28。

3	5	7	2	4	6	1
4	6	1	3	5	7	2
5	7	2	4	6	1	3
6	1	3	5	7	2	4
7	2	4	6	1	3	5
1	3	5	7	2	4	6
2	4	6	1	3	5	7

巧插金针

第一针插在第一列第三行，第二针插在第二列第六行，第三针插在第三列第二行，第四针插在第四列第五行，第五针插在第五列第一行，第六针插在第六列第四行。

（其他正确答案略）

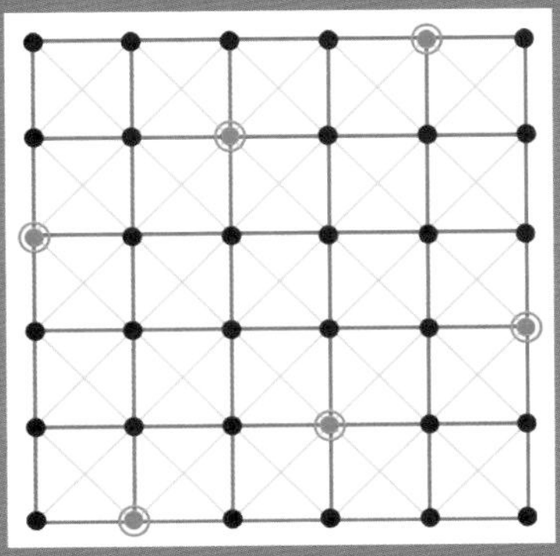

兄弟年龄

哥哥 30 岁，弟弟 20 岁。

巧贯九星

移植果树

如下图所示，把 × 处的 4 棵果树移去，改植于 ○ 的位置。这样一来，就成了 7 行，每行仍旧有 4 棵果树。

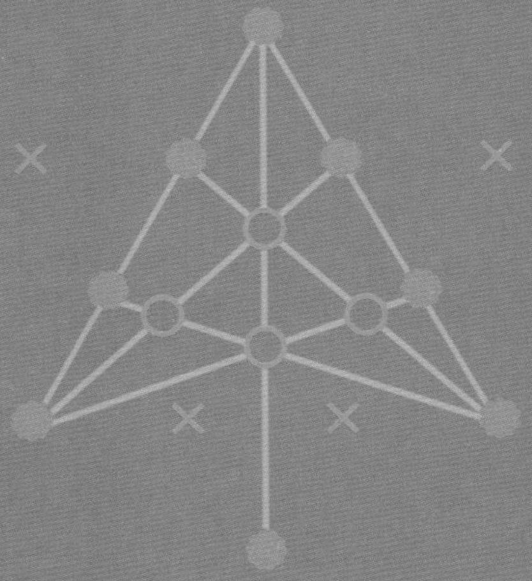

警察追盗贼

警察跑 1 步的距离，相当于盗贼的$\frac{5}{2}$步。盗贼跑 1 步的时间，警察跑$\frac{5}{8}$步。以盗贼的跨步为标准，盗贼每跑 1 步，警察跑$\frac{5}{2}\times\frac{5}{8}=\frac{25}{16}$，所以盗贼每跑 1 步，警察比盗贼多跑$\frac{25}{16}-1=\frac{9}{16}$，根据题意，盗贼在警察前面 27 步处，也就是警察要比盗贼多跑 27 步，追上盗贼警察要跑 $27\div\frac{9}{16}=48$ 个盗贼的跨步，警察实际迈出 $48\times\frac{5}{8}=30$ 步。

三人分酒

甲、乙两人各得 2 满瓶、2 空瓶、3 半瓶，丙得 3 满瓶、3 空瓶、1 半瓶。

（其他答案略）

火柴难题

如下图所示，平行四边形的高是一根半火柴长度。

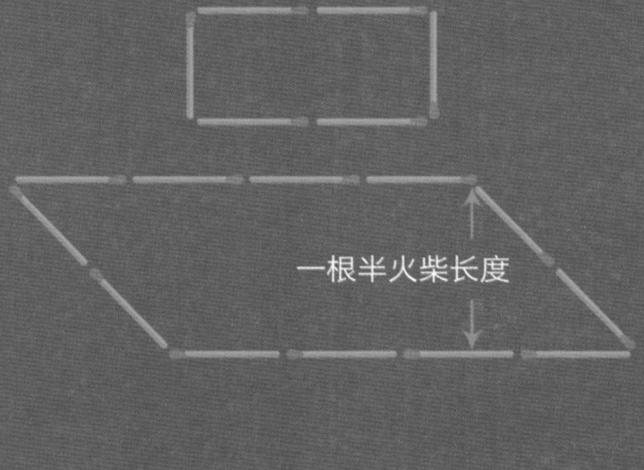

赤道铁路

这段铁轨应该架到近 1 千米高处。

圆的直径长 1，则圆周的长约为 3.1416，故直径增 1 千米，则圆周必增 3 千米多——稍精确地说是 3.1416 千米；直径增 2 千米，圆周必增 6 千米多。反过来说，圆周若增 6 千米，直径必增不到 2 千米，即半径增不到 1 千米。现在地球赤道就是一个圆，它的半径就是地球的半径，周长增加了 6 千米，它的半径也就增加了不到 1 千米，故铁轨同地面的距离将近 1 千米。

数字华容道

至少移 39 次。

顺序是 14，15，10，6，7，11，15，10，13，9，5，1，2，3，4，8，12，15，10，13，9，5，1，2，3，4，8，12，15，14，13，9，5，1，2，3，4，8，12。

鼹鼠挖洞

这个洞掘成后应深 7.5 厘米。

百卵百元

先假定没有鹅蛋，可求得鸭蛋 20 个，鸡蛋 80 个。再求增减数得鹅蛋增五，鸭蛋减九，鸡蛋增四，增减一次得第 1 个答案：鹅蛋 5 个，鸭蛋 11 个，鸡蛋 84 个。继续增减一次得第 2 个答案：鹅蛋 10 个，鸭蛋 2 个，鸡蛋 88 个。

过河游戏

先让 2 个孩子渡河，一个孩子登对岸，一个孩子划船返回；夫（或妻）一人上船渡到对岸，对岸的孩子划船返回；2 个孩子渡河，一个孩子返回；妻（或夫）一人渡到对岸，又一个孩子返回；2 个孩子同渡，一个孩子返回；这个孩子携狗再渡到对岸。于是全家到达对岸。

十指箕斗

假设每个人只有一根手指，那么第一个人是箕，第二个人是斗，第三个人起就要和开头两人中的任何一人相同，所以只有 2 种不同的变化。

假设每人有 2 根手指，那么第一根手指是箕时，第二根手指可能有前述的 2 种变化；第一根手指是斗时，也有同样的 2 种变化，所以共有 2×2（$=2^2$）$=4$ 种不同的变化。

假定每人有 3 根手指，那么第一根手指是箕时，第二、三两根手指可能有前述的 4 种变化；第一根手指是斗时也一样，所以共有 4×2（$=2^3$）$=8$ 种不同的变化。

以小喻大，可见每个人既然有 10 根手指，那么箕斗应有 $2^{10}=1024$ 种不同的变化。

神童分酒

共倒 7 次。

1. 由酒瓶倒满 500 克的杯子；
2. 由 500 克的杯子倒入 300 克的杯子；
3. 将 300 克杯子的酒倒入酒瓶中；
4. 将 500 克的杯子中剩余的 200 克酒倒入 300 克杯子；
5. 由酒瓶倒满 500 克杯子，这时酒瓶中剩 100 克，300 克杯子中有 200 克；
6. 由 500 克杯子倒满 300 克杯子，500 克杯子中剩 400 克；
7. 将 300 克杯子中的酒全部倒入酒瓶，酒瓶中刚好剩余 400 克。

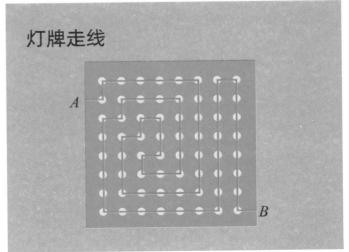

三家打水

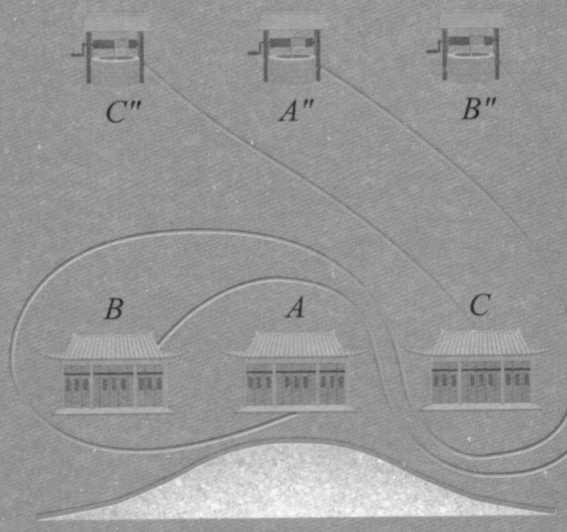

灯牌走线

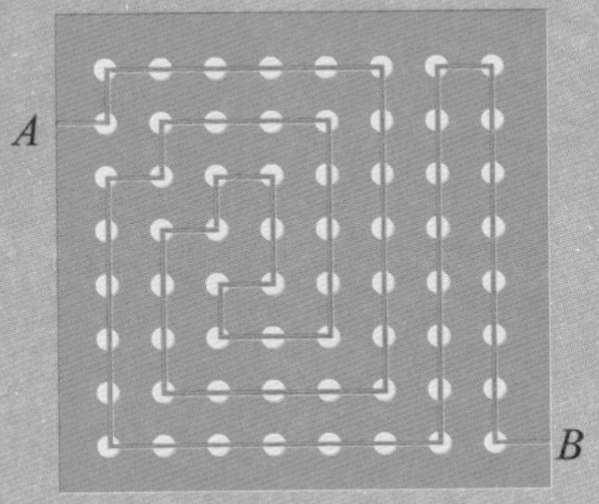

书名：《了不起的数学》

作者：[日] 永野裕之
定价：49.80 元
出版社：北京日报出版社

- 日本永野数学私塾校长永野裕之全新力作！
- 乌鸦和蜜蜂竟然也会数数！你能想象负 3 个面包是怎样的画面吗？如何计算每天离婚的人数？是否存在头发数量完全相同的两个人……20 位天才数学家的故事，近 40 个数学概念，无数个了不起，永野裕之带你从不同角度体验数学之美！
- 本书内容翔实，通过本书，你可以认识多元的数学，提高自己解决问题的能力；感受人类历史长河中每次变革背后数学的力量；体味数学家们拼搏创新的故事，了解数学的历史演变；透过大自然、艺术品，感受美背后的数学感性之美。

书名：《神奇的烧脑思维游戏书》

作者：一米阳光童书馆
定价：98.00 元
出版社：北京日报出版社

- 活跃大脑思维，从游戏中激活 7~13 岁孩子的学习力。
- 250 道烧脑谜题，让大脑进行“后天变异”的烧脑游戏书！
- 锻炼孩子的创新力、阅读力、逻辑力、记忆力、创造力和联想力，让孩子的思维越来越活跃，让大脑越来越聪明；
- 书中的题目使用的都是孩子们耳熟能详的故事和人物，附有相应插图，彩色印刷，难度层层递增，全面提升孩子学习兴趣、阅读技巧、文学知识、科学素养、审美情趣。

书名：《数学高分魔法书》

作者：[日] 间地秀三
定价：39.80 元
出版社：北京日报出版社

- 图解即懂！适合所有人的大脑体操！
- 27 个主题，100+ 详细图解，5 套即刻训练：牛顿计算、龟鹤计算、年龄计算、等积移动计算面积、谎言与真相的推理、方阵计算、图形翻折……20 多个中小学知识点融于题目中，有趣又有料。
- 由浅入深，由简单到困难，把题目设置成不同的阶梯挑战，让读者保持节奏良好的游戏感，慢慢建立数学学习信心。
- 详细图解，让你读懂每个数学知识点背后的原理，打开你的数学学习思路，彻底爱上数学学习。

书名：《这才是你想要的数学思维游戏书》（全 3 册）

作者：东大算数研究会
定价：108.00 元
出版社：北京日报出版社

- 日本东大算数研究会代表作！东大理科精英写给孩子的数学思维游戏书！
- 158 个数学思维游戏，把学校的知识运用到有趣的游戏问答中，让孩子在游戏中解决难题，建立自信。
- 解放父母双手，让孩子自己动手动脑寻找答案，提升孩子计算力、专注力和创造力。
- 图文混排。每题附有相应的插图，明亮、卡通的画风，亲和力十足，帮助孩子理解、阅读的同时，提高孩子的艺术力。

书名:《超图解数学：孩子自己就能做的数学实验》(全2册)

作者：赖以威
定价：118.00元
出版社：北京日报出版社

- 数感实验室创始人 赖以威 全新力作！！
- 漫画场景引出知识点，生活场景进行数感分析，数学实验带你了解每个数学知识背后的原理。
- 15个几何实验、12个数学实验，带你在生活中建立数感，让孩子秒懂数学。
- 在厨房、街上、花园，在放学时、睡觉前，甚至在看电视时，随时都可以做一做本书中的数学实验，取材于生活，孩子自己就能做。
- 亲和力十足的漫画，深入浅出的数感分析，简便易行的实验证明，让每个孩子秒懂数学，爱上数学。

作 者 简 介： **刘映**

澳门城市大学教育学博士。湖南人，现居广州。首都师范大学儿童与未来教育创新研究院儿童叙事研究中心主任，首都师范大学儿童生命与道德教育研究中心客座教授。曾用 8 年的时间研究儿童数学绘本、数学过程以及数学教育。

特 约 校 对： **孙志跃**

中学数学教师，业余时间致力于用新媒体进行数学文化的传播和数学阅读的推广，创办微信公众号“好玩的数学”，目前拥有粉丝 35 万 +，成为互联网上最有影响力的数学科普公众号之一。

绘 者 简 介： **李楠**

一米阳光童书馆签约插画师。作品《写给儿童的古诗游戏书》《写给儿童的成语游戏书》《写给儿童的传奇故事游戏书》《神奇的烧脑思维游戏书》。